런런 옥스퍼드 수학

KB130606

5권

수학 종합

차례

여러 가지 수

1 수직선의 빈칸에 알맞은 수를 쓰세요.

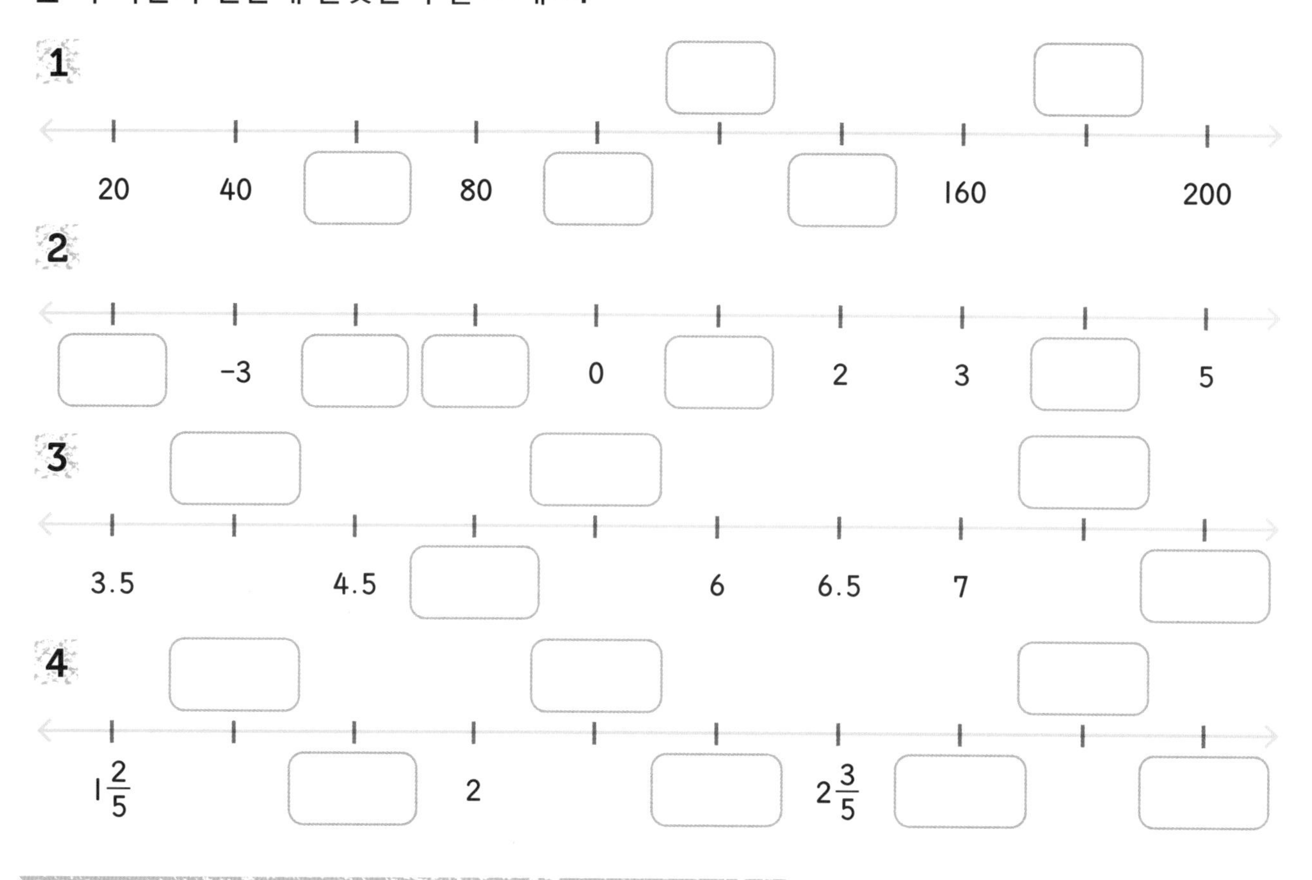

2 다음 수를 알맞은 상자에 쓰세요.

기억하자!
배수는 어떤 수로 나머지 없이 나누어지는 수예요.

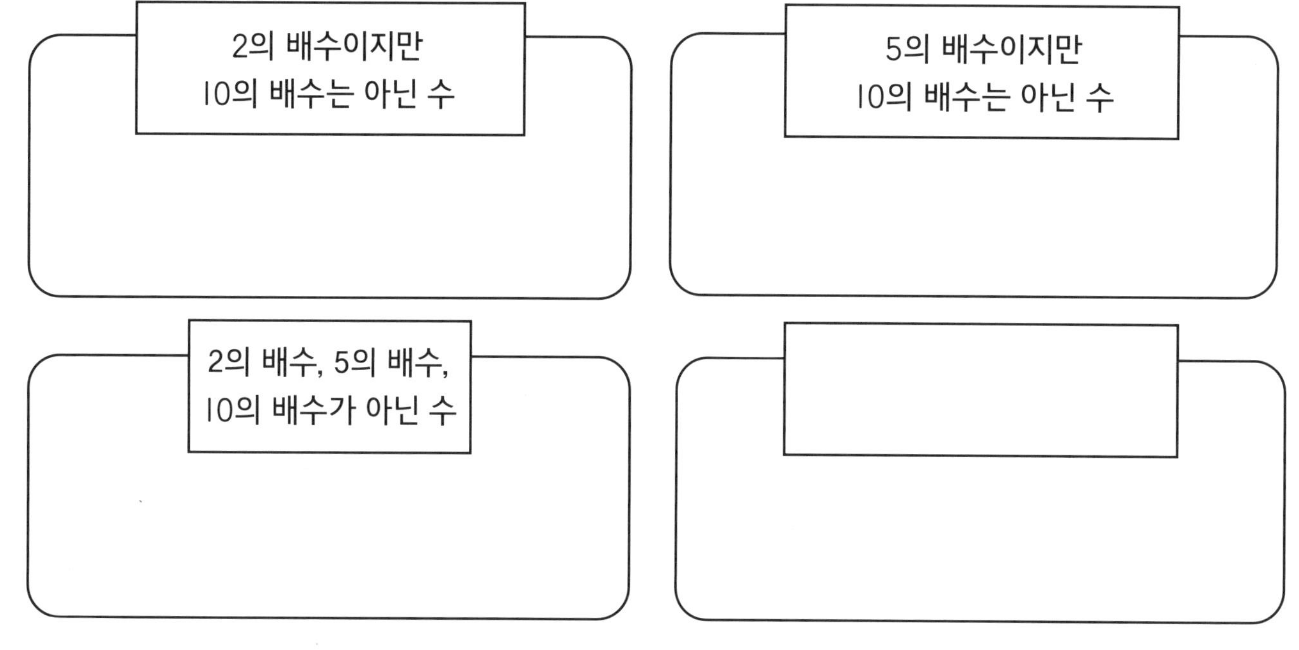

2 나머지 수를 마지막 상자에 써넣고 상자의 이름을 알맞게 써 보세요.

3 빈칸에 알맞은 수를 쓰세요.

1 30 + ☐ = 100   2 400 + ☐ = 1000   3 ☐ + 15 = 100

4 ☐ + 750 = 1000   5 88 + ☐ = 100   6 350 + ☐ = 1000

4 수가 두 배로 커지고 있어요. 빈칸에 알맞은 수를 쓰세요.

1 25 50 ☐ ☐ ☐ 800   2 12 ☐ ☐ 96 ☐ 384

3 ☐ ☐ 10 20 ☐ ☐    4 26 ☐ ☐ 208 416 ☐

5 다음 계산을 하세요. 암산으로 할 수 있으면 해 보세요.

1 399 + 420 = ☐   2 532 − 199 = ☐

6 다음 무게의 합을 구해 보세요.

119g 125g 70g 81g 30g 75g ☐

7 수 피라미드를 완성하세요.

더하기 쉬운
두 쌍을 찾아
먼저 더해 봐.

1

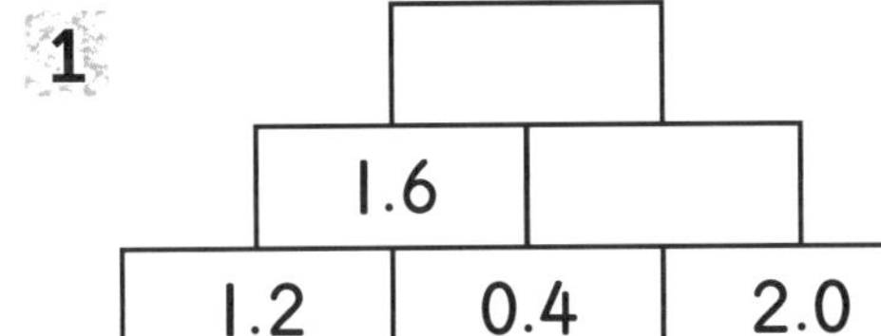

2

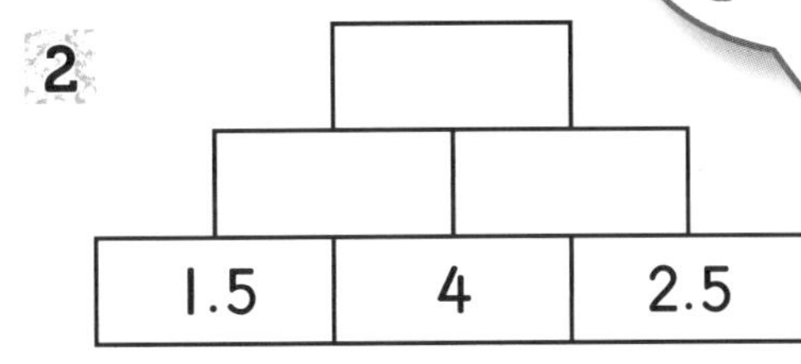

3

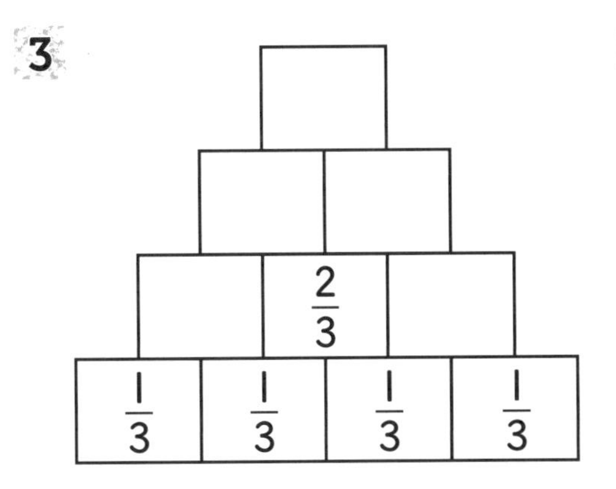

4

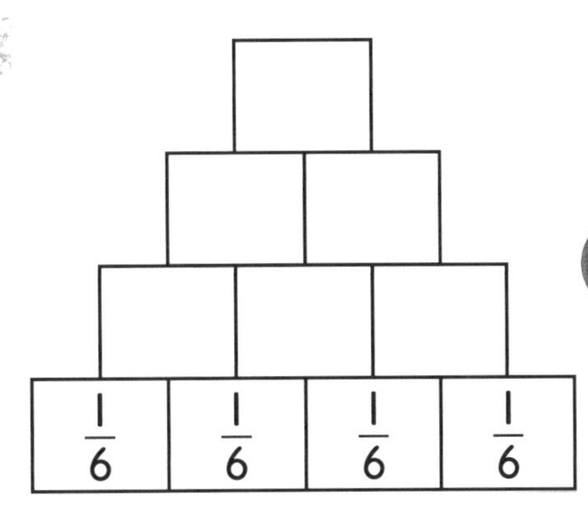

문제를 다 푼 다음, 62쪽으로!

백만까지의 수

1 **1** 다음 수를 작은 수부터 차례로 써 보세요.

기억하자!
백만은 1000000이에요.

백만　　만　　십만

가장 작은 수　　　　　　　　가장 큰 수

2 위의 수를 숫자로 써 보세요.

2 **1** 87049를 말로 써 보세요.

2 다음 수를 숫자로 써 보세요.

십만 팔천구백이십구

3 맨체스터의 인구수를 보고 빈 곳에 알맞은 수를 말로 써 보세요.

1 1이 나타내는 수는 만

2 4가 나타내는 수는

3 7이 나타내는 수는

맨체스터의 인구는 710846명이에요.

4 프로덕트는 다음 숫자 카드를 한 번씩만 사용하여 삼만 천과 삼만 이천 사이의 다섯 자리 수를 만들려고 해요. 프로덕트가 만들 수 있는 수를 모두 쓰세요.

0　1　2　3　4

빠뜨린 수 없이 차근차근 찾아봐.

5 > 또는 <를 사용하여 수의 크기를 비교해 보세요.

기억하자!
>는 ~보다 크다,
<는 ~보다 작다는
뜻이에요.

1. 31823 ☐ 30918
2. 107817 ☐ 32821
3. 592183 ☐ 598181
4. 오십만 ☐ 55000
5. 육만 ☐ 13031
6. 21803 ☐ 이십만

6 다음 돈을 백만 원씩 큰 가방에 넣으려고 해요. 합해서 백만 원이 되는 돈 주머니를 찾아 서로 같은 색으로 칠하세요.

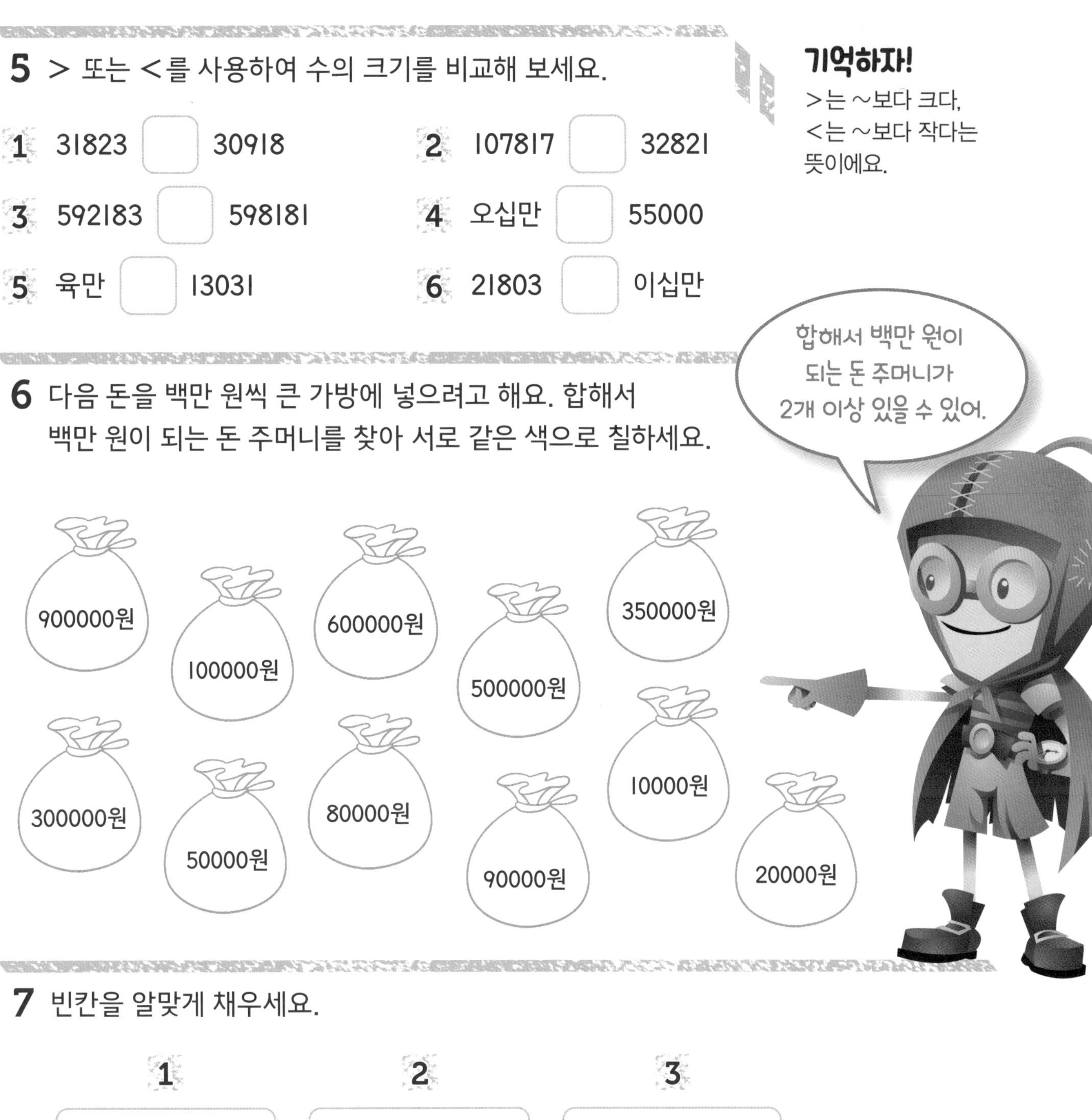

7 빈칸을 알맞게 채우세요.

잘했어!

칭찬 스티커를 붙이세요.

문제를 다 푼 다음, 62쪽으로!

곱셈

곱셈은 중요하니까 잘 외워 놓는 게 좋아.

1 가능한 한 빨리 곱셈의 답을 써 보세요.

$4 \times 5 =$ $6 \times 7 =$ $8 \times 2 =$ $5 \times 3 =$ $9 \times 10 =$

$8 \times 5 =$ $6 \times 1 =$ $0 \times 2 =$ $4 \times 8 =$ $5 \times 5 =$

$4 \times 7 =$ $6 \times 6 =$ $8 \times 6 =$ $5 \times 9 =$ $9 \times 6 =$

$7 \times 5 =$ $7 \times 6 =$ $9 \times 3 =$ $10 \times 3 =$ $9 \times 4 =$

2 곱셈표를 완성하세요.

1

×	3	6	7	8
2	6			
5				
6				
9				

2

×	2	3		
	10			
		18		
7			35	70
				90

3 이번엔 나눗셈을 해 보세요.

$32 \div 8 =$ $42 \div 7 =$ $18 \div 3 =$ $21 \div 7 =$ $70 \div 10 =$

$7 \div 1 =$ $25 \div 5 =$ $20 \div 4 =$ $24 \div 6 =$ $45 \div 5 =$

$81 \div 9 =$ $28 \div 7 =$ $54 \div 6 =$ $36 \div 9 =$ $12 \div 6 =$

$24 \div 3 =$ $16 \div 4 =$ $36 \div 6 =$ $63 \div 7 =$ $56 \div 8 =$

체크! 체크!

잘 외우지 못한 곱셈이 있나요? ☐

4 7 × 8 = 56을 이용하여 다음 곱셈을 해 보세요.

7 × 8 = 56

- 70 × 8 =
- 700 × 8 =
- 70 × 80 =
- 70 × 800 =
- 7 × 800 =
- 7 × 0.8 = ★
- 7 × 80 =
- 7000 × 80 =
- 0.7 × 0.8 = ★
- 700 × 800 =

5 나눗셈의 답에 색칠하세요.

1 56 ÷ 8 = (0.7) (7) (70) (700)

2 5600 ÷ 8 = (0.7) (7) (70) (700)

3 560 ÷ 80 = (0.7) (7) (70) (700)

4 560 ÷ 8 = (0.7) (7) (70) (700)

5 5.6 ÷ 8 = (0.7) (7) (70) (700)

6 5600 ÷ 80 = (0.7) (7) (70) (700)

6 12 × 8 = 96을 이용하여 알 수 있는 곱셈식을 가능한 한 많이 써 보세요.

체크! 체크!

계산기를 이용하여 6번에서 답한 것을 확인해 보세요. ☐

문제를 다 푼 다음, 62쪽으로!

10, 100, 1000 곱하기와 나누기

1 빈칸에 알맞은 수를 쓰세요.

기억하자!
100을 곱하거나 100으로 나누면 자리가 두 번 이동하고 1000을 곱하거나 1000으로 나누면 자리가 세 번 이동해요.

1. 27 × ☐ = 2700
2. 27 × ☐ = 27000
3. 270 × ☐ = 2700
4. 2700 ÷ ☐ = 270
5. 27000 ÷ ☐ = 27
6. 2700 ÷ ☐ = 27

2 다음 사실을 이용하여 빈칸에 알맞은 수를 쓰세요.

◯에 들어갈 수 있는 수: 13, 130, 1300, 13000

☐에 들어갈 수 있는 수: 1, 10, 100, 1000

1. (130) × [100] = 13000
2. ◯ × ☐ = 13000
3. ◯ × ☐ = 130000
4. ◯ × ☐ = 130000
5. ◯ ÷ ☐ = 13
6. ◯ ÷ ☐ = 13
7. ◯ ÷ ☐ = 130
8. ◯ ÷ ☐ = 130

도전해 보자!

9에 1000을 세 번 곱하면 0은 모두 몇 개가 되나요?

700만을 몇으로 나누면 7이 되나요?

먼저 700만을 숫자로 나타내 봐.

잘했어!

문제를 다 푼 다음, 62쪽으로!

두 자리 수 곱하기

1 두 계산을 비교해 보세요.

	2	1	
	1	4	3
×			5
	7	1	5

	2	1		
		1	4	3
×			5	0
	7	1	5	0

같은 점과 다른 점을 한 가지씩 써 보세요.

같은 점 ______________________________

다른 점 ______________________________

2 다음 곱셈을 완성하세요.

기억하자!
10의 배수를 곱하면 답은 항상 끝자리가 0이에요.
$4 \times 40 = 160$
$13 \times 70 = 910$
$163 \times 30 = 4890$

1

	1	2	5
×		3	0
			0

2

	2	1	7
×		2	0
			0

3

	4	0	8
×		6	0
			0

4

	5	1	4
×		4	0
			0

3 세로셈으로 다음 문제를 풀어 보세요.
경기장에는 30개의 열이 있고 한 열에는 127개의 좌석이 있어요.
경기장에 있는 좌석은 모두 몇 개인가요?

×
____

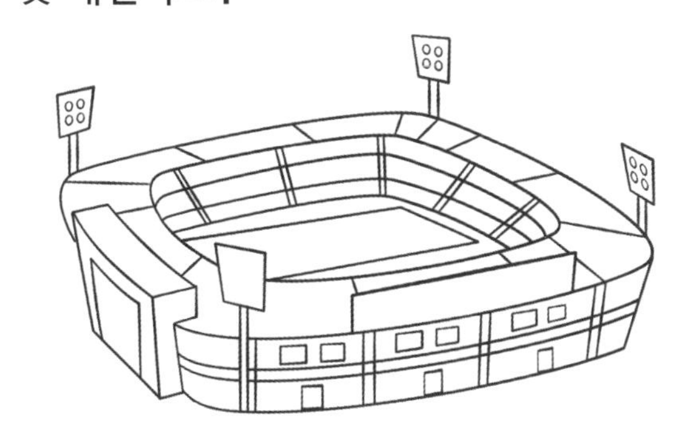

문제를 다 푼 다음, 62쪽으로!

1보다 큰 분수

1 다음 분수를 알맞은 곳에 써넣으세요.

$\frac{3}{8}$ $\frac{14}{9}$ $\frac{6}{6}$ $\frac{15}{8}$

$\frac{6}{7}$ $\frac{4}{4}$ $\frac{11}{5}$

1보다 작은 분수	1과 같은 분수	1보다 큰 분수
$\frac{3}{8}$		

기억하자!

가분수는 분자가 분모와 같거나 분모보다 큰 분수로 1과 같거나 1보다 커요. 가분수는 자연수와 혼합하여 나타낼 수 있어요. 이것을 대분수라고 해요.

2 그림을 보고 분수의 덧셈을 한 다음 결과를 대분수로 나타내세요.

1 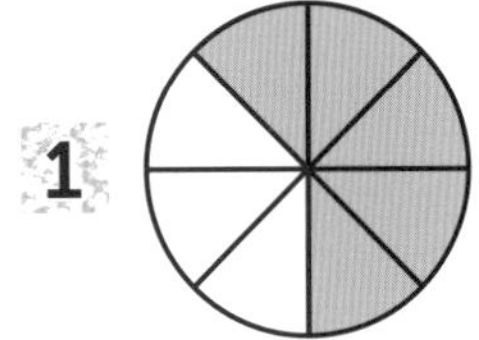 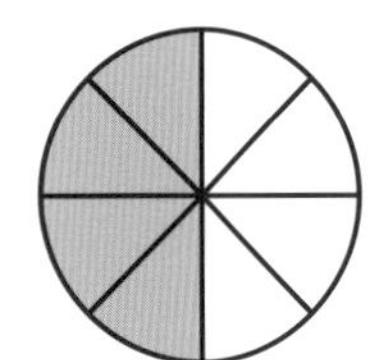

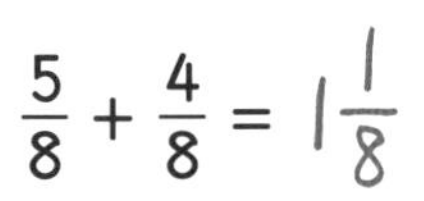

$\frac{5}{8} + \frac{4}{8} = 1\frac{1}{8}$

 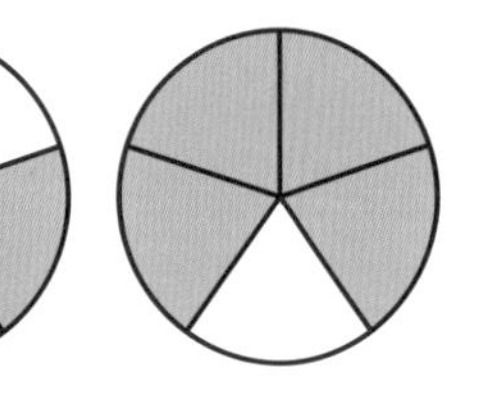

$\frac{3}{5} + \frac{4}{5} =$ ______

 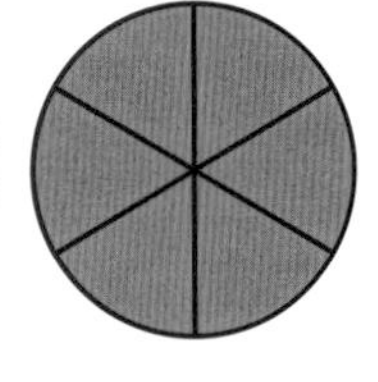 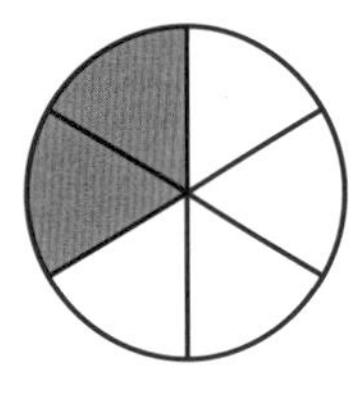 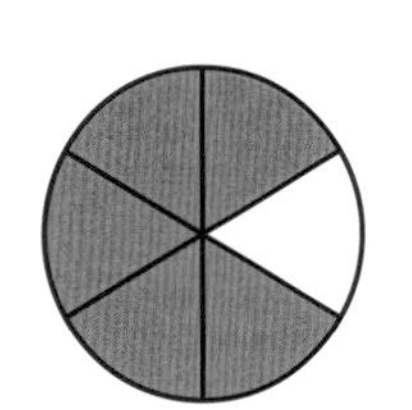

$1\frac{2}{6} - \frac{5}{6} =$ ______

3 다음 계산을 하세요.

1 $\frac{2}{3}+\frac{2}{3}=$ ____________

2 $1\frac{4}{7}+1\frac{6}{7}=$ ____________

3 $1\frac{6}{8}-\frac{7}{8}=$ ____________

4 $2\frac{2}{5}-\frac{4}{5}=$ ____________

4 다음 분수는 모두 자연수와 같아요.
스파이크가 말하는 대로 색칠해 보세요.

기억하자!

분수는 나눗셈으로 나타낼 수 있어요.

$\frac{10}{2}$은 $10 \div 2=5$와 같아요.

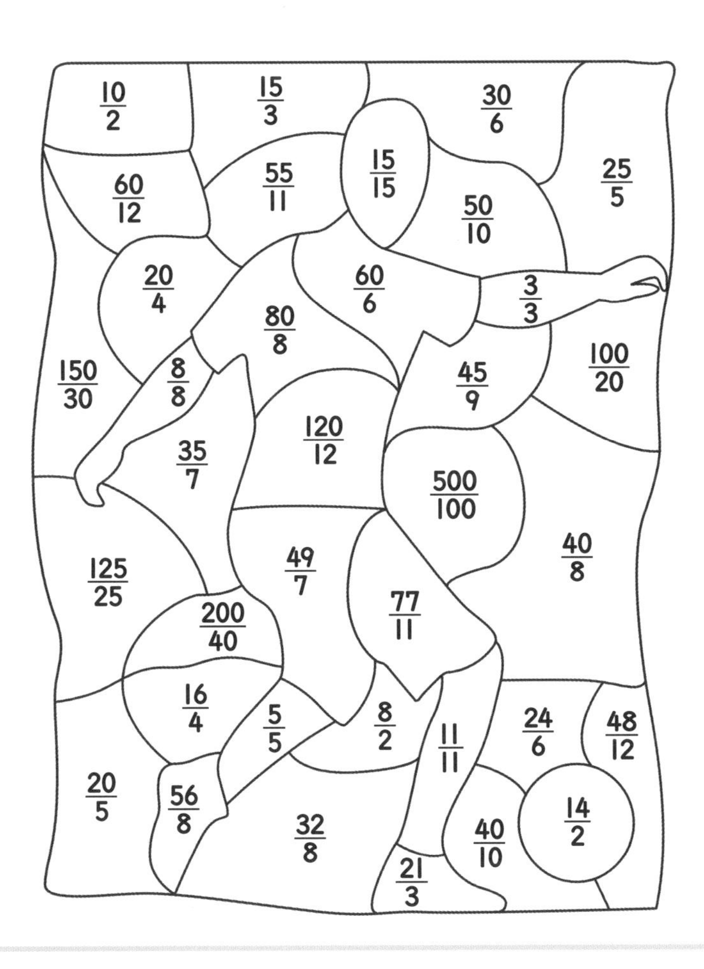

1은 노란색, 4는 초록색,
5는 파란색, 7은 검은색,
10은 네 맘대로 색칠해 봐.

도전해 보자!

피에르는 태어난 지 113개월 됐어요.

나이로 나타내면 $\frac{113}{12}$세예요.

이것은 $113 \div 12=9 \cdots 5$로 9세 5개월이에요.

친구의 나이도 분수로 나타내 보세요.

덧셈과 뺄셈

1 다음 덧셈을 하세요. 그리고 각 수를 반올림하여 천의 자리까지 나타낸 다음 계산해 보세요.

기억하자!
답을 반올림하여 계산한 값과 비교해 보세요.

1.

	1	8	6	1
+	4	3	4	7

2000 + 4000 =

2.

	6	2	8	5
+	2	8	5	5

____ + ____ =

3.

	5	2	4	9
+	3	8	1	9

____ + ____ =

2 다음 뺄셈을 하세요. 그리고 각 수를 반올림하여 천의 자리까지 나타낸 다음 계산해 보세요.

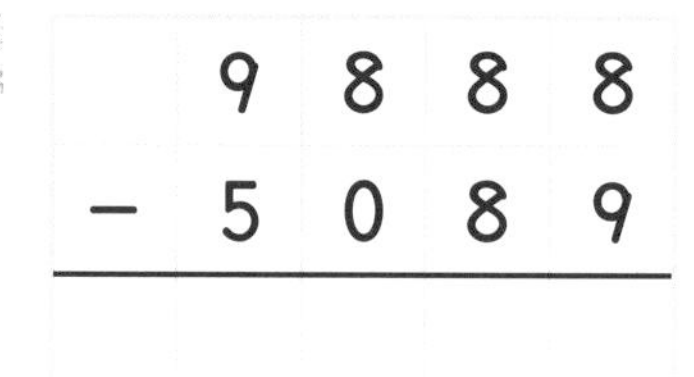

1.

	3	8	6	6
−	1	2	3	8

____ − ____ =

2.

	2	9	1	9
−	2	0	2	3

____ − ____ =

3.

	9	8	8	8
−	5	0	8	9

____ − ____ =

3 다음 계산을 하세요.

1. 18276 + 391

2. 21839 + 6628

3. 710381 + 81934

4. 871938 − 21829

5. 47661 − 20199

6. 573918 − 421919

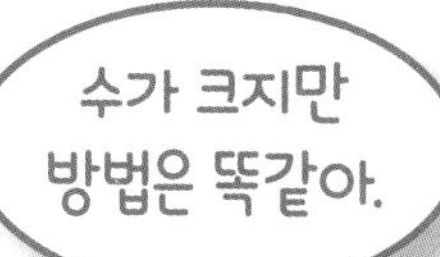

4 반올림하여 각각 백의 자리, 천의 자리, 만의 자리까지 나타낸 다음 계산해 보고 답이 맞는지 확인해 보세요. 답이 틀린 것 같으면 빨간색을 칠하세요.

1

787 + 107 = 604
800 + 100 = 900

2

7980 + 439 = 8009
___ + ___ = ___

3

3971 + 4902 = 7101
___ + ___ = ___

4

71819 + 12018 = 83837
___ + ___ = ___

5

32015 + 40040 = 72055
___ + ___ = ___

6

8798 − 3019 = 5100
___ − ___ = ___

5 다음 문제를 세로셈으로 풀어 보세요.

1 백만에서 만 이천사십칠을 빼요.

2 사만 칠천에서 천팔십구를 빼요.

6 0, 1, 2, 3, 4, 5, 6, 7, 8을 이용하여 덧셈식과 뺄셈식을 만들어 보세요. 받아올림, 받아내림이 없는 덧셈식과 뺄셈식을 만들어 보세요.

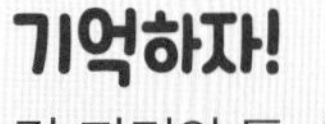

기억하자!

각 자리의 두 수를 더해 10이 넘지 않게 해 보세요.

1

+

2

−

문제를 다 푼 다음, 62쪽으로!

통분

기억하자!

분수를 더하거나 뺄 때에는 분모가 같아야 해요.

1 각 분수에 $\frac{1}{2}$을 더하세요. $\frac{1}{2}$과 크기가 같은 분수를 이용하세요.

이 분수들은 모두 $\frac{1}{2}$과 크기가 같아.

$$\frac{1}{2} = \frac{2}{4} = \frac{4}{8} = \frac{5}{10} = \frac{6}{12} = \frac{10}{20} = \frac{12}{24}$$

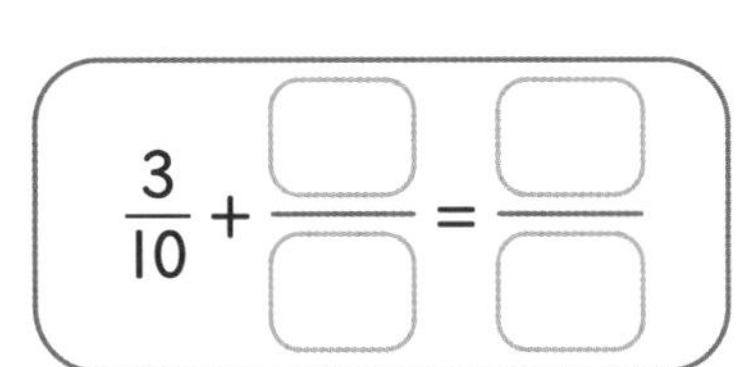

$\frac{1}{4} + \frac{2}{4} = \frac{3}{4}$

$\frac{1}{2}$을 더해요.

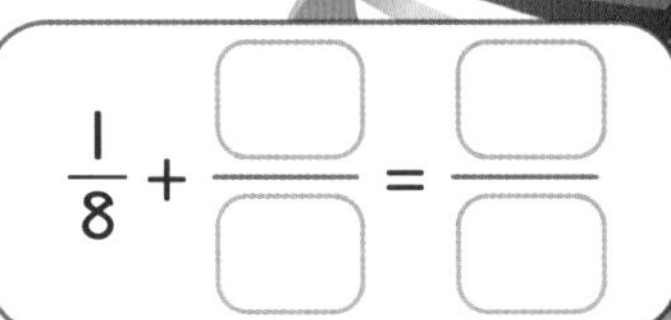

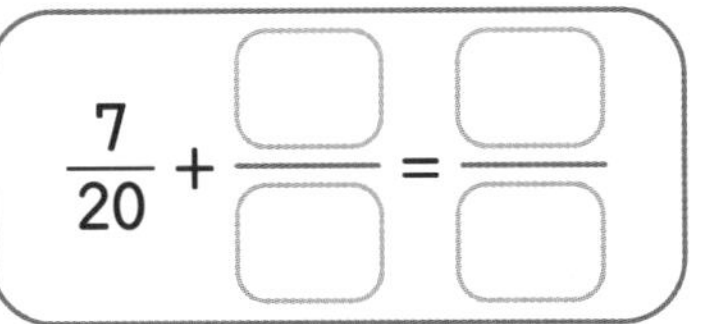

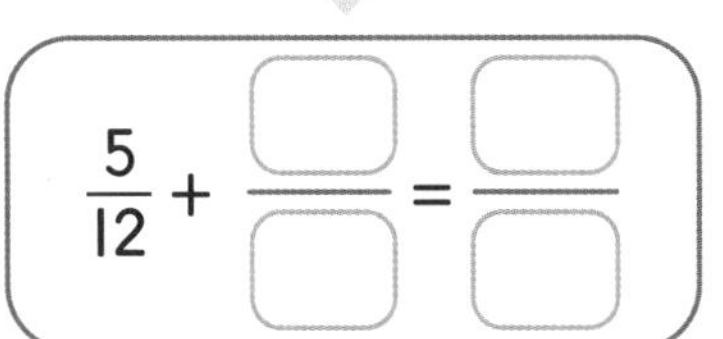

$\frac{9}{24} + \frac{\square}{\square} = \frac{\square}{\square}$

2 분수의 덧셈을 하세요.

기억하자!

답이 1보다 크면 대분수로 나타내세요.

1 $\frac{4}{5} + \frac{3}{10} =$ ______

2 $\frac{3}{4} + \frac{7}{8} =$ ______

3 $\frac{7}{9} - \frac{2}{3} =$ ______

4 $\frac{3}{4} - \frac{1}{12} =$ ______

도전해 보자!

$$\frac{2}{5} + \frac{7}{10} = \frac{9}{1}$$

프라이머가 위와 같이 계산했어요. 어디가 틀렸는지 설명해 보세요.

______

______

잘했어!

분수의 곱셈

기억하자!
분수에 자연수를 곱하면 분자에 곱하게 되므로 분모는 변하지 않아요.

1 그림을 이용하여 각 분수를 두 배 하면 얼마인지 알아보세요.

1 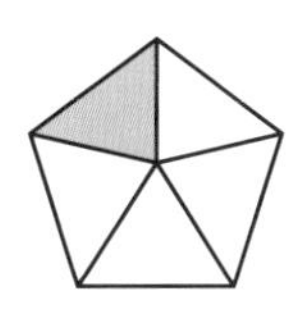

$\frac{1}{5}$의 두 배 = ☐

2 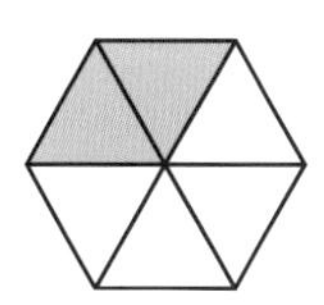

$\frac{2}{6}$의 두 배 = ☐

3 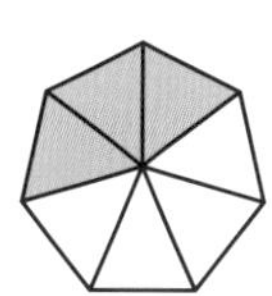

$\frac{3}{7}$의 두 배 = ☐

2 빈칸에 알맞은 수를 쓰세요.

1 $\frac{2}{7} \times 3 = \frac{☐}{7}$

2 $\frac{☐}{5} \times 3 = \frac{3}{5}$

3 $\frac{2}{11} \times$ ☐ $= \frac{8}{11}$

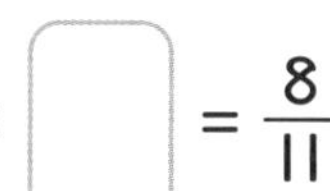

3 곱셈을 하여 가분수와 대분수로 나타내세요.

곱셈	가분수	대분수
$9 \times \frac{1}{2}$	$\frac{9}{2}$	$4\frac{1}{2}$
$7 \times \frac{3}{5}$		
$3 \times \frac{7}{8}$		
$5 \times \frac{3}{7}$		

체크! 체크!
답이 가분수이면 대분수로 고쳐 보세요.

4 다음 분수를 두 배 하면 얼마인가요?

1 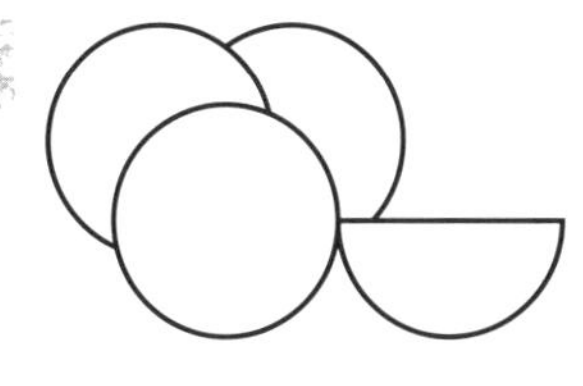

$3\frac{1}{2}$의 두 배 = ☐

2 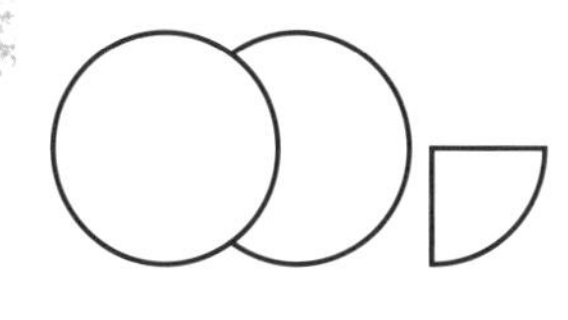

$2\frac{1}{4}$의 두 배 = ☐

3 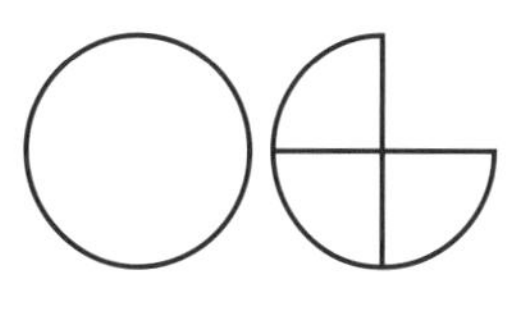

$1\frac{3}{4}$의 두 배 = ☐

문제를 다 푼 다음, 62쪽으로!

정사각형과 직사각형

1 정사각형과 직사각형의 각 변의 길이를 쓰세요.

기억하자!
답에 단위를 꼭 쓰세요.

1

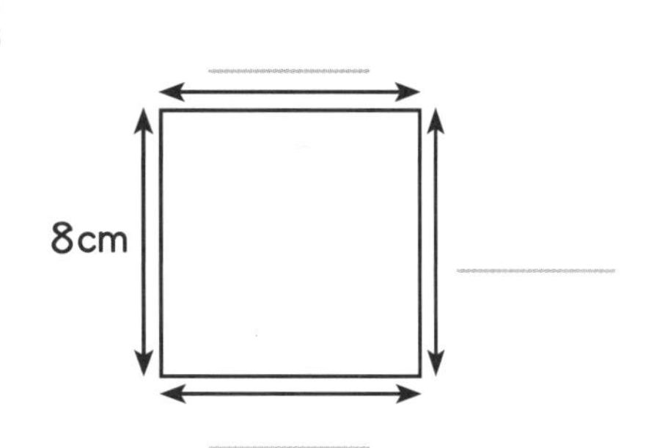

2

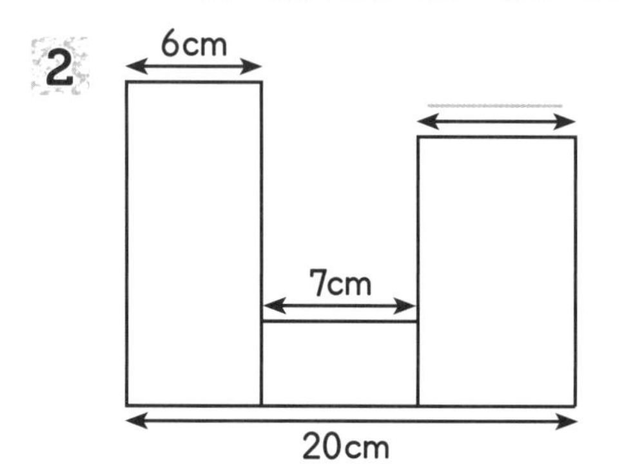

2 다음 도형에서 빈 곳의 변의 길이를 구해 보세요.

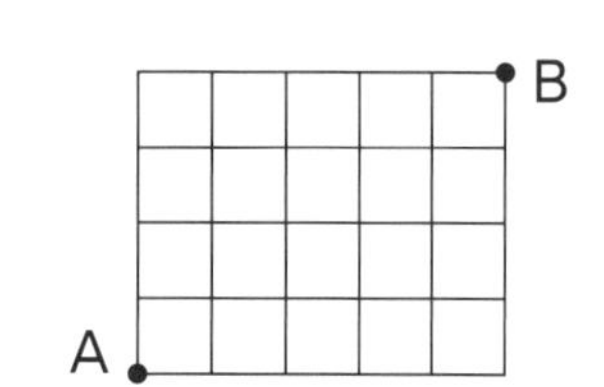

기억하자!
직사각형 여러 개가 이어 붙은 도형이에요.

1

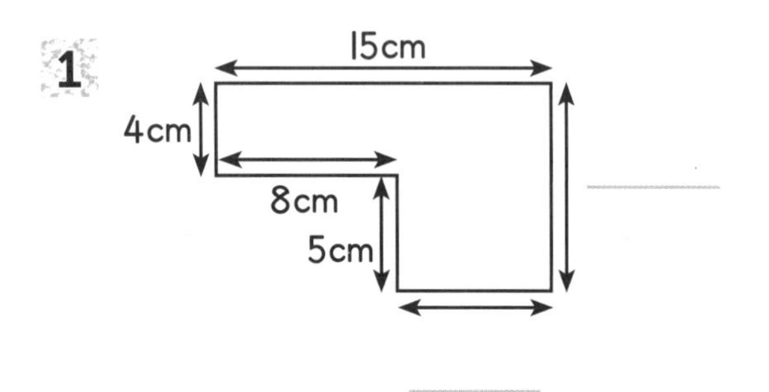

2

도전해 보자!

생쥐가 A 지점에서 B 지점까지 최소로 움직여 이동하려고 해요.
생쥐는 오른쪽이나 위로만 움직일 수 있고 정사각형 한 변을
한 번 이동한 것으로 봐요.
생쥐의 이동 경로를 그려 보세요.

B
A

이동 횟수:

더 적게 움직여 이동할 수 있을까요? 두 번 시도해 보세요.

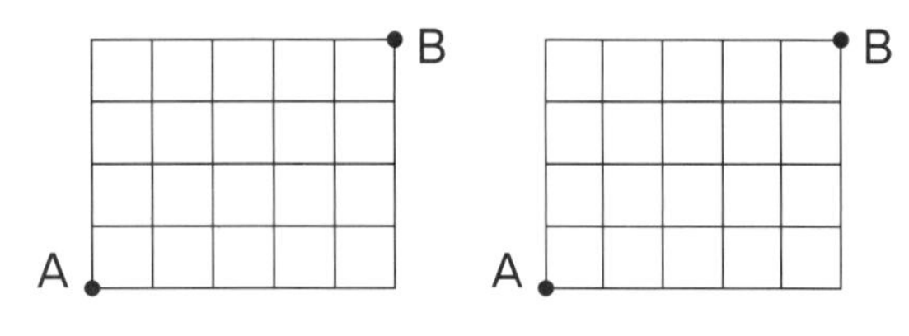

알게 된 사실을 써 보세요.

둘레

1 자를 사용하여 도형의 둘레를 재어 보세요.

기억하자!
둘레는 도형의 바깥쪽 변의 길이의 합이에요.

1

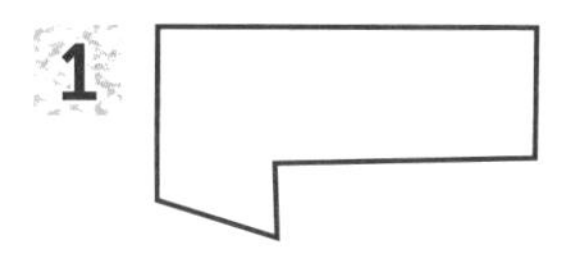

둘레

2

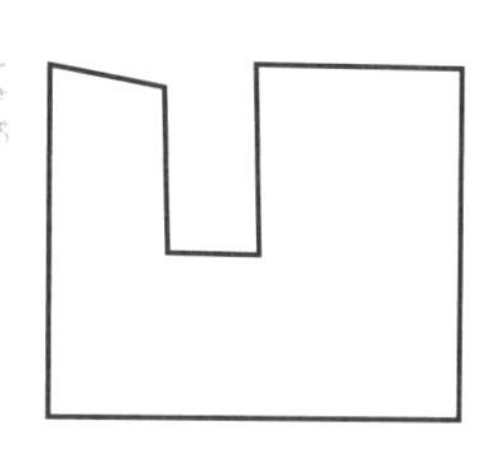

둘레

3

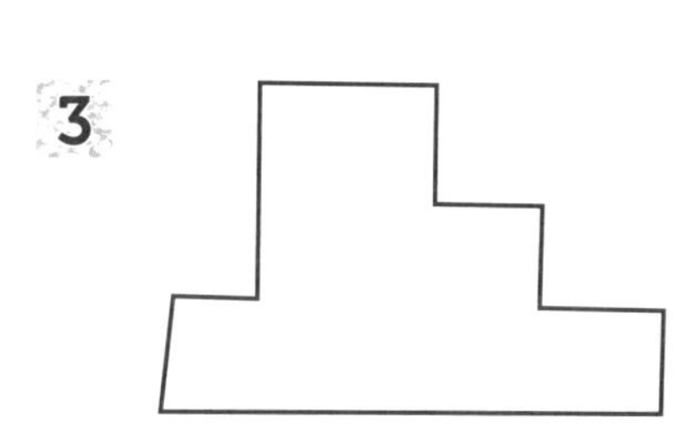

둘레

2 다음 도형의 둘레를 구하세요.

1

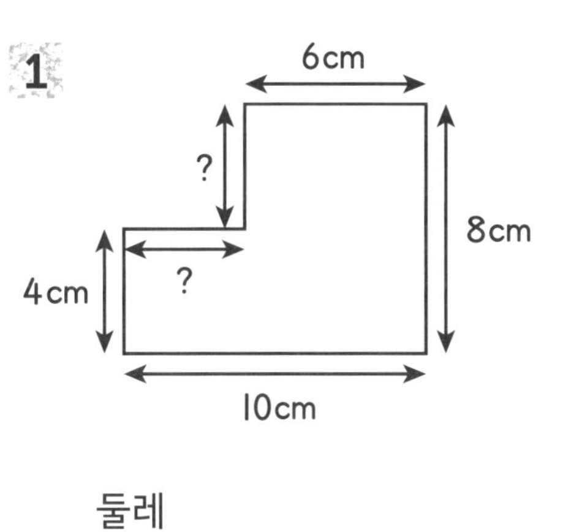

둘레

2

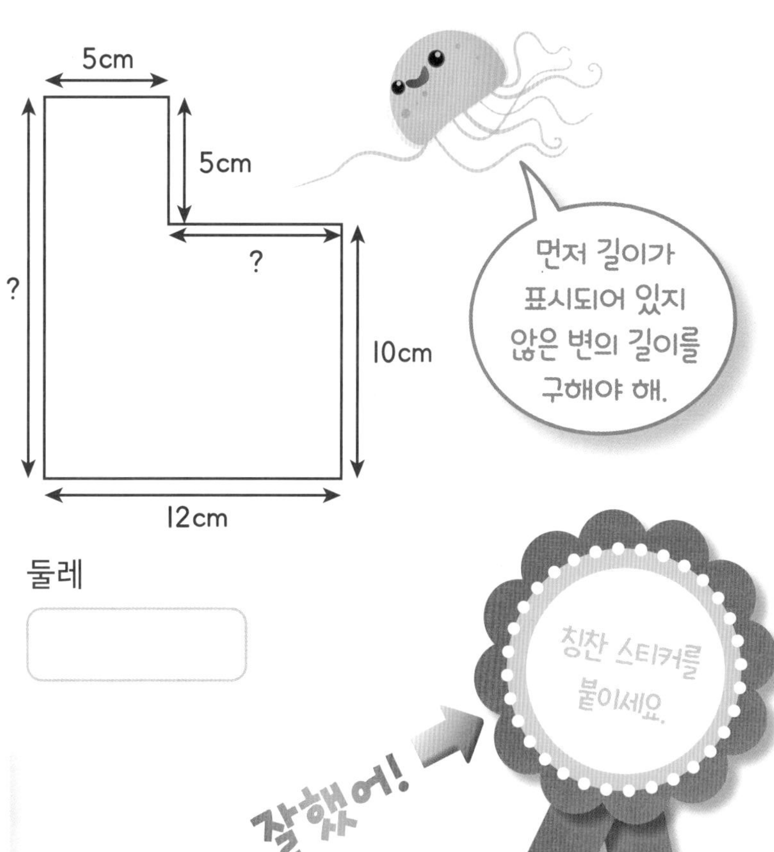

둘레

체크! 체크!
답에 단위를 잊지 않고 썼나요? ☐

잘했어!

칭찬 스티커를 붙이세요.

문제를 다 푼 다음, 62쪽으로!

정다각형

기억하자!
다각형은 여러 개의 선분으로 둘러싸인 평면도형이에요.

1 다각형을 모두 찾아 색칠하세요.

   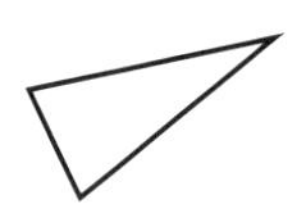 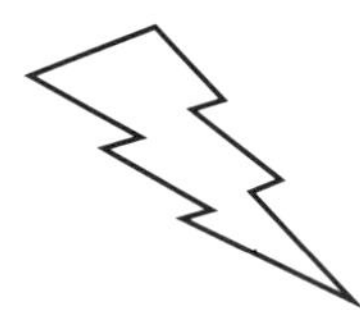 

기억하자!
정다각형은 각의 크기가 모두 같고 변의 길이가 모두 같아요.

2 도형의 이름을 써 보세요. 그리고 정다각형인지, 아닌지 알아보세요.

1
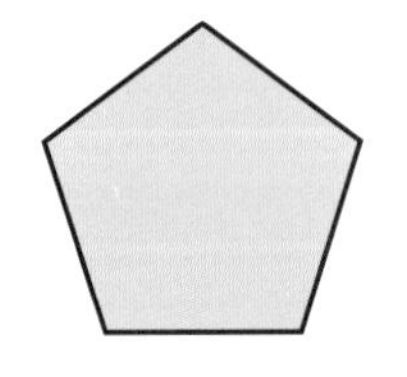
______
정다각형 ☐
정다각형 아님. ☐

2
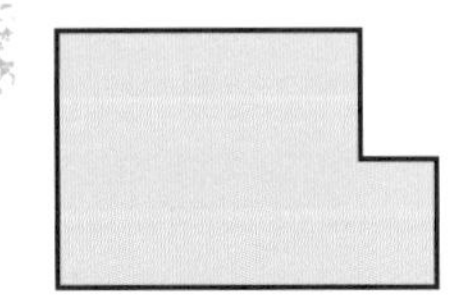
______
정다각형 ☐
정다각형 아님. ☐

3
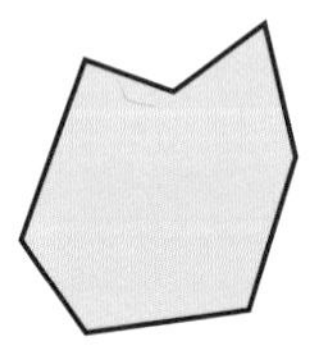
______
정다각형 ☐
정다각형 아님. ☐

4
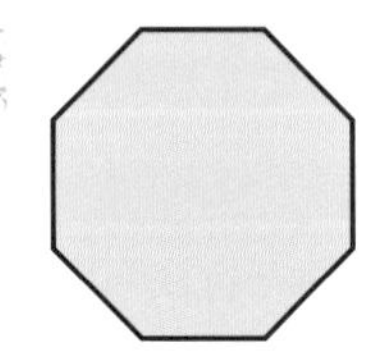
______
정다각형 ☐
정다각형 아님. ☐

3 정삼각형을 찾아 ✓표 하세요.

1

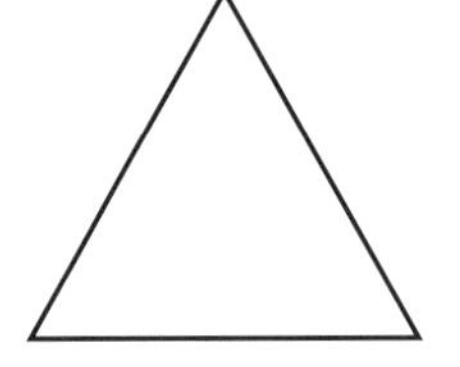  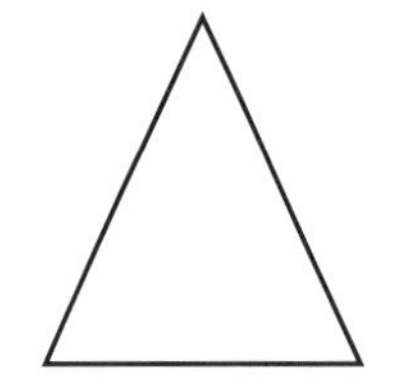 

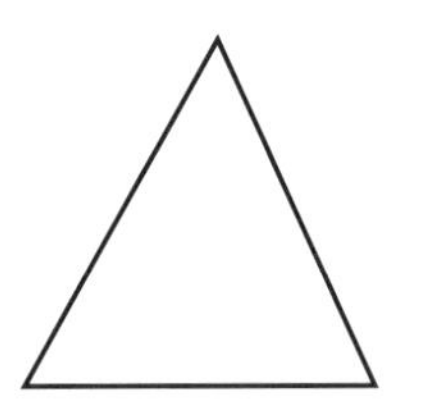  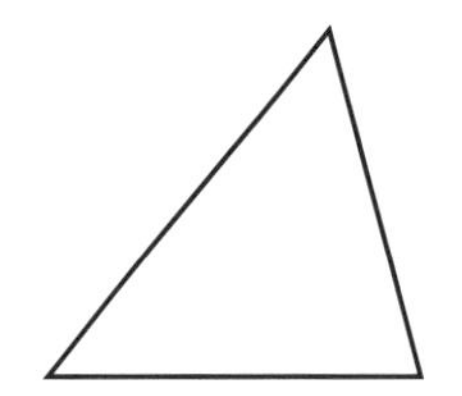 

각도기가 필요할지도 몰라.

2 정삼각형이 될 수 있는 삼각형에 ○표 하세요.

변의 길이가 다른 삼각형	두 변의 길이만 같은 삼각형	세 변의 길이가 같은 삼각형

대각선

기억하자!
대각선은 다각형에서 서로 이웃하지 않는 두 꼭짓점을 이은 선분이에요.

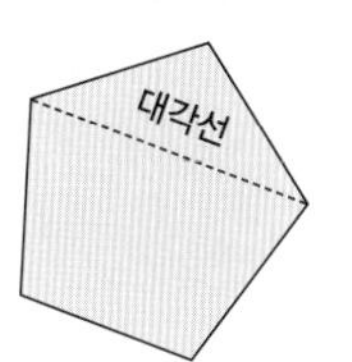

1 도형에 대각선을 모두 그려 보세요.
대각선은 모두 몇 개인가요?

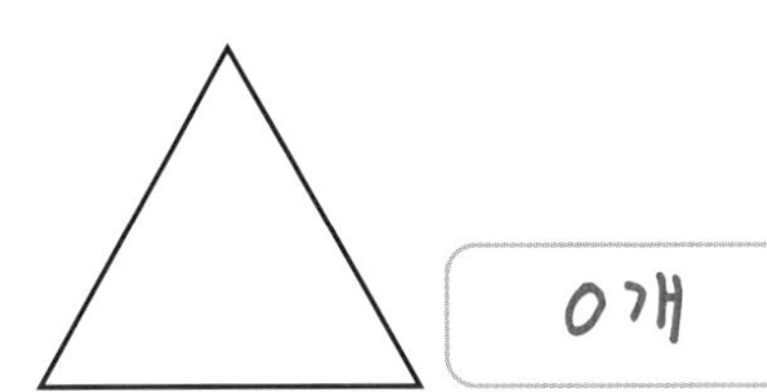

1 0개

2

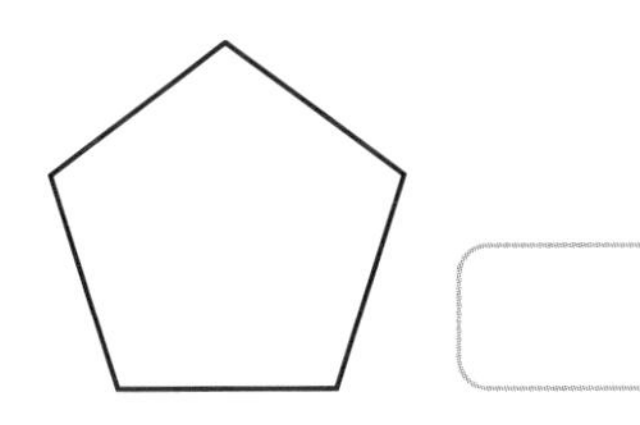

3

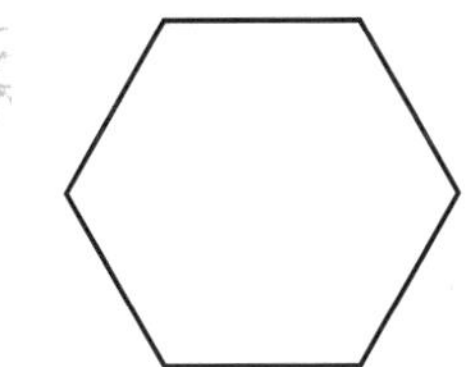

4

2 직사각형의 대각선의 길이를 재어 보세요.

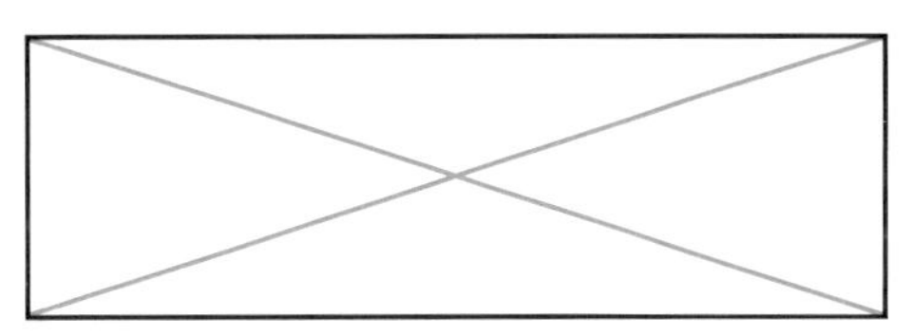

무엇을 알 수 있나요? ______________________

3 대각선의 길이가 같은 사각형을 찾아 ✓표 하세요.

기억하자!
사각형은 변이 4개이고 대각선은 2개예요.

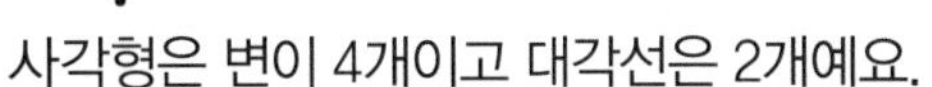

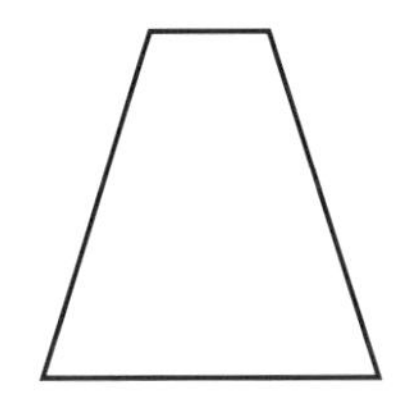

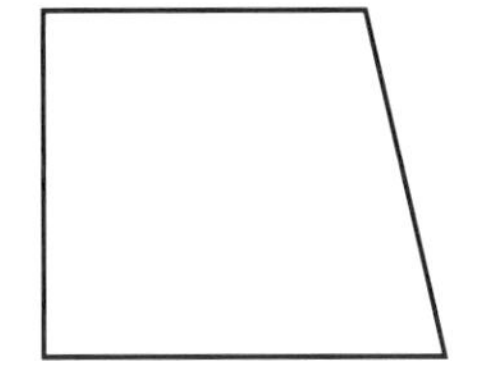

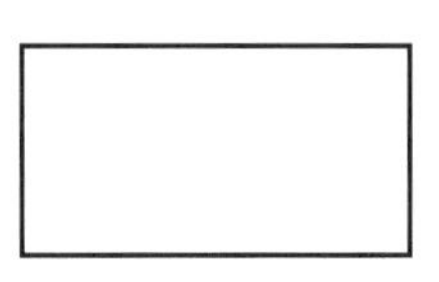

도전해 보자!
프로덕트는 어떤 사각형을 생각하고 있어요.
두 개의 대각선은 서로 직각으로 만나는데 길이는 같지 않아요.
프로덕트가 생각한 도형은 무엇일까요?

____

문제를 다 푼 다음, 62쪽으로!

문제 해결 (1)

1 스파이크가 어떤 곱셈의 값을 뒤죽박죽 썼어요. 몇 단 곱셈의 값일까요?

56 42 14 63 21

2 빈칸에 알맞은 수를 쓰세요.

1. 68 ÷ ☐ = ☐ 나머지 5
2. 59 ÷ ☐ = ☐ 나머지 4

3 수 105에 대해 설명하고 있어요. 참인지, 거짓인지 알맞은 것에 ◯표 하세요.

짝수예요.	참	거짓
소수예요.	참	거짓
10의 배수예요.	참	거짓
5로 끝나는 수예요.	참	거짓
3의 배수예요.	참	거짓
1, 3, 5, 7을 약수로 가져요.	참	거짓

4 어떤 세 수의 합이 20이에요.
그중의 두 수는 4.5와 9.3이에요.
나머지 수는 무엇일까요?

☐

5 네 가지 정사각형의 둘레를 이용하여 바깥쪽 큰 사각형의 둘레를 구하세요.

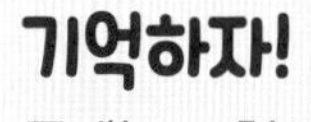

기억하자!
둘레는 도형의 바깥쪽 변의 길이의 합이에요.

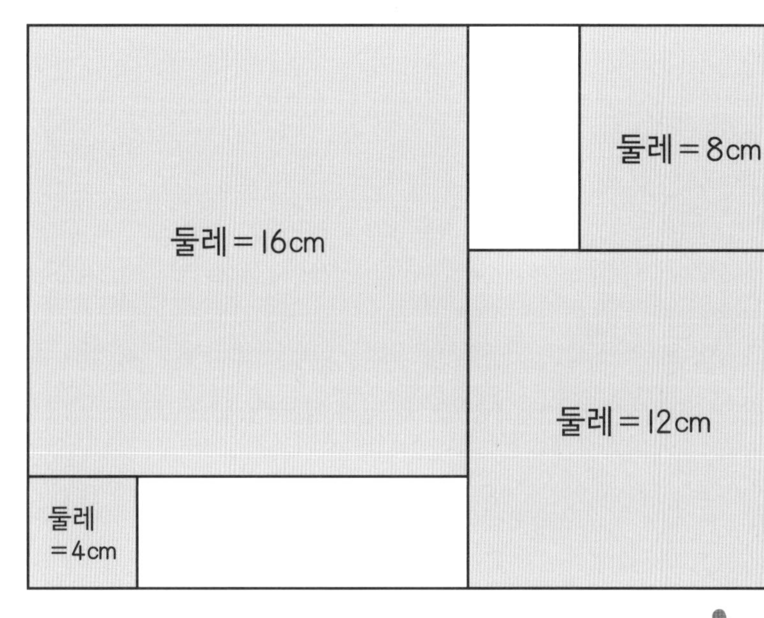

먼저 각 정사각형의 변의 길이를 구해 봐.

정사각형이니까 네 변의 길이가 같겠지?

둘레 = ☐

6 다음 곱셈표를 보고 물음에 답하세요.

15 × 10 = 150	16 × 10 = 160
15 × 11 = 165	16 × 11 = 176
15 × 12 = 180	16 × 12 = 192
15 × 13 = 195	16 × 13 = 208
15 × 14 = 210	16 × 14 = 224

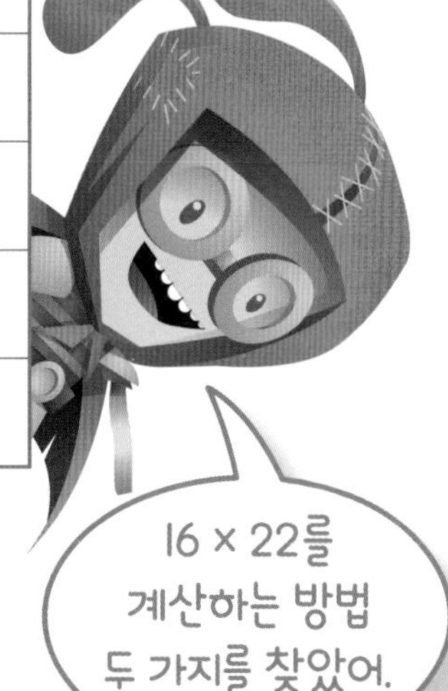

1 30 × 6.5와 답이 같은 것에 ◯표 하세요.

2 16 × 22를 계산하려고 해요.
답이 같은 두 식을 찾아 ✓표 하세요.

160 + 192  165 + 176 

180 × 2 ☐ 176 × 2 

잘했어!

칭찬 스티커를 붙이세요.

문제를 다 푼 다음, 62쪽으로!

소수

1 알맞은 수를 찾아 색칠하세요.

빨간색 = 7이 나타내는 수가 0.07인 수
파란색 = 7이 나타내는 수가 0.007인 수
초록색 = 7이 나타내는 수가 0.7인 수

1.017	0.716	1.076	6.107	6.671	0.710

2 왼쪽의 계산식을 이용해 답을 구해 보세요.

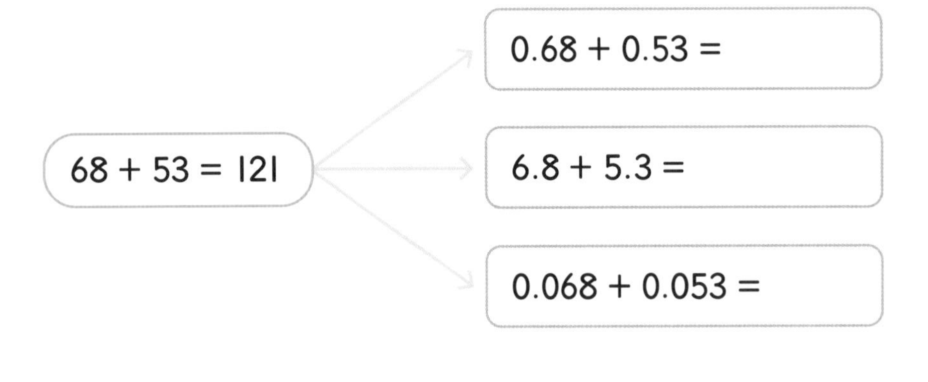

3 0, 1, 2를 한 번씩 빈칸에 써넣어 식이 참이 되게 만드세요.

1 □.□□ > 0.2

2 □.□□ < 0.2

3 1 < □.□□ < 1.1

4 빈칸에 알맞은 수를 쓰세요.

1 3.4 + □ = 10

2 0.82 + □ = 1

3 0.274 + □ = 1

4 1.7 + □ = 10

5 0.45 + □ = 1

6 0.902 + □ = 1

5 빈칸에 알맞은 수를 쓰고 규칙을 써 보세요.

1 3.4 3.8 4.2 ☐ ☐ ☐ +0.4

2 1.25 1.4 1.55 ☐ ☐ ☐ ______

3 10 8.7 7.4 ☐ ☐ ☐ ______

6 다음 계산을 하세요.

1

$$\begin{array}{r} 3.27 \\ +\ 6.86 \\ \hline \end{array}$$

2

$$\begin{array}{r} 9.61 \\ -\ 3.79 \\ \hline \end{array}$$

7 다음 표는 이어달리기 경주에서 앞의 세 주자의 기록이에요. 마지막 주자가 결승점에 도착한 기록은 43.7초였어요.

주자	시간(초)
1	8.47
2	11.03
3	10.7
4	

마지막 주자의 기록은 몇 초인가요?
세로셈으로 계산해 보세요.

체크! 체크!
소수점을 올바른 위치에 찍었는지 확인하세요. 

문제를 다 푼 다음, 62쪽으로!

배수

1 문장이 참이면 초록색, 거짓이면 빨간색을 칠하세요. 또 문장이 참일 때도 있고 거짓일 때도 있으면 주황색을 칠하세요.

기억하자!
어떤 수의 배수는 어떤 수로 나누었을 때 나머지 없이 나누어떨어지는 수예요.

10의 배수는 0으로 끝나요.	3의 배수는 3, 6, 9로 끝나요.	6의 배수는 3으로 끝나요.
7의 배수는 홀수로 끝나요.	8의 배수는 짝수예요.	6의 배수는 2의 배수이기도 해요.

2 각 배수에 색칠하세요.

1. 3의 배수: 71 72 73 74 75 76 77 78 79
2. 7의 배수: 141 142 143 144 145 146 147 148 149
3. 6의 배수: 664 665 666 667 668 669 670 671 672

도전해 보자!

1296은 36의 배수예요.

다음 수 중 1296을 배수로 가지는 수를 모두 찾아보세요.

2 3 4 5 6 7 8 9

어떻게 찾았는지 설명해 보세요.

약수

1 빈칸에 알맞은 수를 쓰세요.

1 ☐ × ☐ = 45 2 ☐ × ☐ = 49 3 ☐ × ☐ = 60

2 빈칸에 알맞은 수를 넣어 약수의 쌍을 모두 찾아보세요.

기억하자!
약수는 어떤 수를 나누어떨어지게 하는 수예요.
예) 1, 2, 3, 4, 6, 12는 모두 12의 약수예요.

40	32	45	18
1 × 40	☐ × ☐	☐ × ☐	☐ × ☐
☐ × ☐	☐ × ☐	☐ × ☐	☐ × ☐
☐ × ☐	☐ × ☐	☐ × ☐	☐ × ☐
☐ × ☐			

3 40은 8개의 약수가 있어요.

약수가 8개보다 많은 두 자리 수를 찾을 수 있는 만큼 찾아 써 보세요. ☐

4 다음 수를 두 수씩 짝 지어 같은 수의 약수가 되게 만들어 보세요.

1 10 2 14 35 5 7 ______

2 위에서 답한 수의 쌍들은 어떤 수의 약수인가요? ☐

5 약수의 쌍을 이용하여 계산 결과가 같은 것끼리 선으로 이어 보세요.

9 × 6	14 × 4
14 × 5	18 × 3
7 × 8	9 × 8
18 × 4	7 × 10

체크! 체크!
곱셈의 결과가 같은 것끼리 짝 지었나요? ☐

잘했어!

칭찬 스티커를 붙이세요.

문제를 다 푼 다음, 62쪽으로!

약수를 이용한 나눗셈

기억하자!
까다로운 계산을 할 때 약수를 이용하면 좋아요.

1 18의 약수 쌍을 다음과 같이 곱셈식으로 나타내세요.

1. 1 × 18 ______ ______

2. 18의 약수 쌍을 이용하여 288을 18로 나눠 보세요.

먼저 3 × 6 = 18을 이용해서 나누어 보자.

3)2 8 8 → 6) = ☐

몫을 다시 6으로 나눠요.

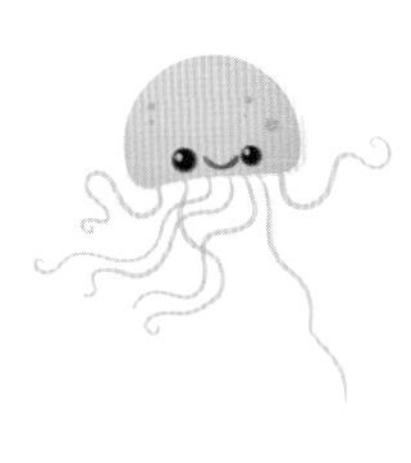

2 × 9 = 18을 이용해서도 해 보자.

2)2 8 8 → 9) = ☐

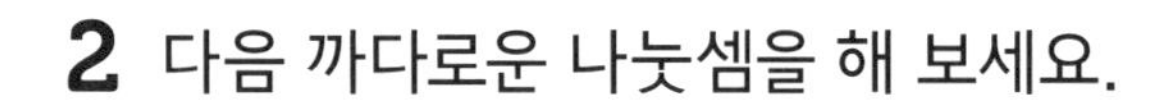

2 다음 까다로운 나눗셈을 해 보세요.

기억하자!
먼저 나누는 수의 약수 쌍을 구해 보세요.

1. 864 ÷ 27

) →) = ☐

2. 2744 ÷ 56

) →) = ☐

3 5 × 7 × 9 = 315를 이용하여 다음 계산을 해 보세요.

3780 ÷ 315

문제를 다 푼 다음, 62쪽으로!

곱셈 – 세로셈

1 다음 계산을 세로셈으로 해 보세요.

1

$$\begin{array}{rrrrl} & & 8 & 9 & \\ \times & & 1 & 8 & \\ \hline & 7 & 1 & 2 & (\times 8) \\ + & 8 & 9 & 0 & (\times 10) \\ \hline 1 & 6 & 0 & 2 & \end{array}$$

2

$$\begin{array}{rrrrl} & & 6 & 2 & \\ \times & & 3 & 5 & \\ \hline & & & & (\times 5) \\ + & & & & (\times 30) \\ \hline \end{array}$$

3

$$\begin{array}{rrrrl} & & 4 & 5 & \\ \times & & 2 & 8 & \\ \hline & & & & (\times 8) \\ + & & & & (\times 20) \\ \hline \end{array}$$

4

$$\begin{array}{rrrrl} & 3 & 2 & 6 & \\ \times & & 1 & 2 & \\ \hline & & & & (\times 2) \\ + & & & & (\times 10) \\ \hline \end{array}$$

5

$$\begin{array}{rrrrl} & 2 & 8 & 3 & \\ \times & & 2 & 3 & \\ \hline & & & & (\times 3) \\ + & & & & (\times 20) \\ \hline \end{array}$$

6

$$\begin{array}{rrrrl} & 4 & 0 & 5 & \\ \times & & 4 & 1 & \\ \hline & & & & (\times 1) \\ + & & & & (\times 40) \\ \hline \end{array}$$

체크! 체크!

10을 곱하면 끝자리가 0이라는 것을 확인했나요? 

문제를 다 푼 다음, 62쪽으로!

암산하기

1 숫자 스티커 3, 4, 5, 6을 한 번씩만 사용하여 다음 계산을 완성하세요.

암산으로
계산해 봐.

1  −2.9 = 

2  −0.7 = □.□

2 수직선에서 빈칸이 가리키는 곳에 알맞은 뺄셈 스티커를 붙이세요.

0 100 200 300 400 500 600 700

3 분수들이 새장을 탈출했어요. 알맞은 분수 스티커를 찾아 원래 있던 새장에 붙여 주세요.

4 구하려는 수는 10과 20 사이의 소수예요. 지시대로 계산하며 답을 구해 알맞은 스티커를 붙이세요.

기억하자!
소수는 1과 자기 자신만을 약수로 가지는 수예요.

1

시작 200	시작 수의 $\frac{1}{5}$	더하기 29	두 배	빼기 70	$\frac{1}{4}$	30에서 빼기	답

2

시작 250	시작 수의 절반	나누기 5	3배	빼기 39	나누기 6	더하기 5	답

3

시작 300	빼기 170	나누기 10	40에서 빼기	나누기 3	제곱	100에서 빼기	답

4

시작 350	나누기 7	10%	8배	그다음 나오는 첫 번째 제곱수	100에서 빼기	나누기 3	답

5 시소의 수평을 유지하기 위해 파란 스티커와 초록 스티커를 알맞게 붙이세요.

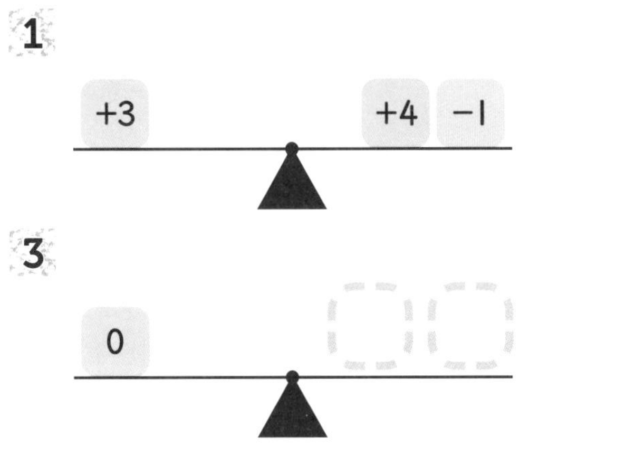

2

+2

4

−1

5 시소가 그림과 같이 기울어지도록 남은 스티커를 알맞게 붙이세요.

칭찬 스티커를 붙이세요.

문제를 다 푼 다음, 63쪽으로!

각과 각도 (1)

각도기, 자, 연필이 필요할 거야.

1 다음 정육면체를 똑같이 그려 보세요.

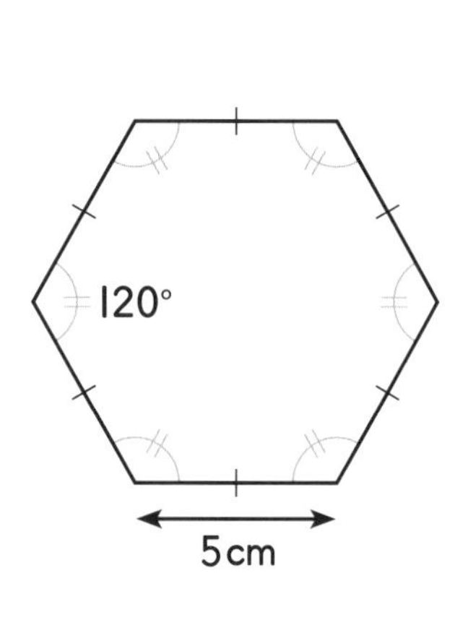

2 각과 색깔을 알맞게 선으로 이어 보세요.

기억하자!
선 위의 점을 이용하여 각의 이름을 표시해요.

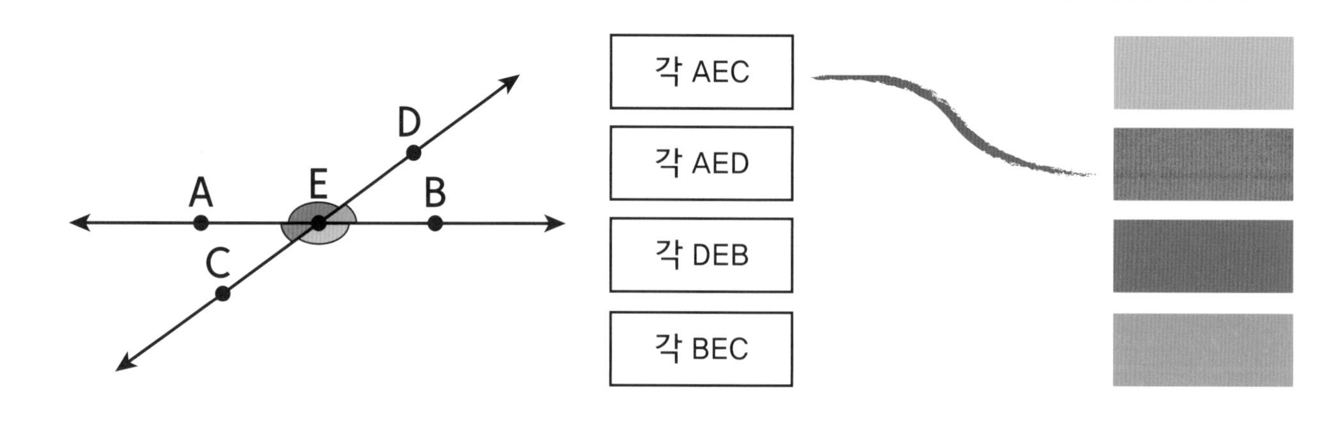

3 각의 크기를 써 보세요.

기억하자!
기호 ° 는 각도를 표시할 때 써요.

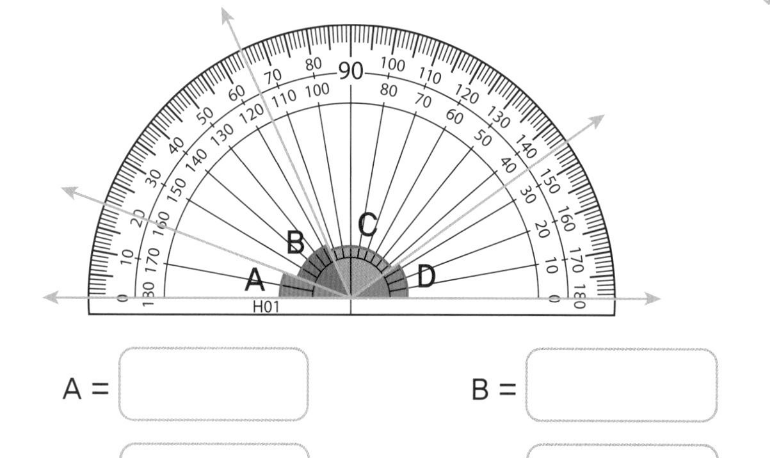

A =

B =

C =

D =

체크! 체크!
답에 도(°) 표시를 했나요?

각과 각도 (2)

1 빨간색 각의 크기를 구하세요.

기억하자!
삼각형의 세 각의 합은 180°예요.

1

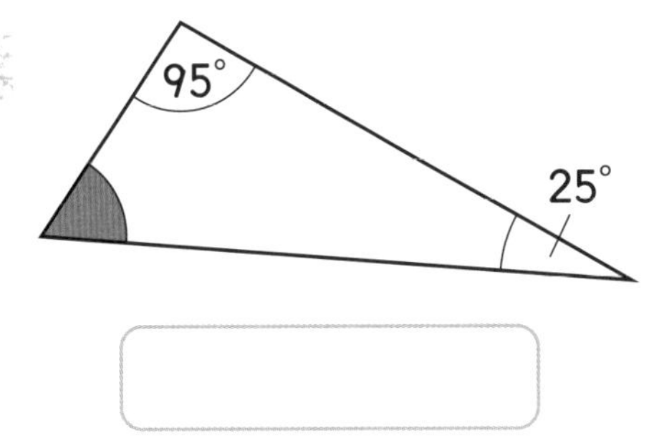

2

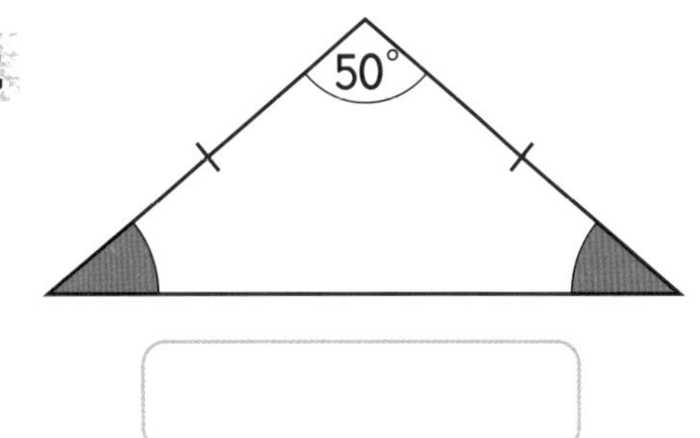

2 빨간색 각과 파란색 각의 크기를 구하세요.

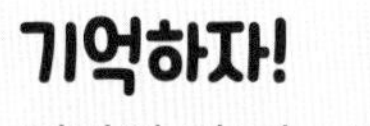

기억하자!
평각의 각도는 180°예요.

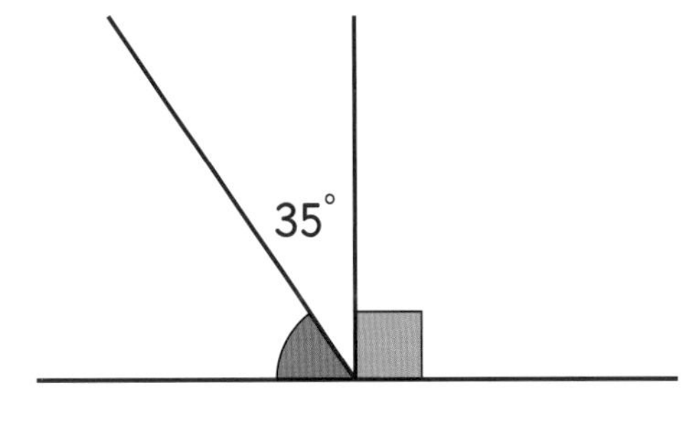

빨간색 각:

파란색 각:

3 오른쪽 그림에서 표시된 부분의 각도는 각각 20°, 105°, 45°예요.

1 이 세 각으로 평각을 만들 수 있나요? ________

2 그렇게 답한 이유를 설명해 보세요.

____

____

4 파란색 각의 크기를 구하세요.

기억하자!
가운데 점에 모여 있는 각들의 합은 360°예요.

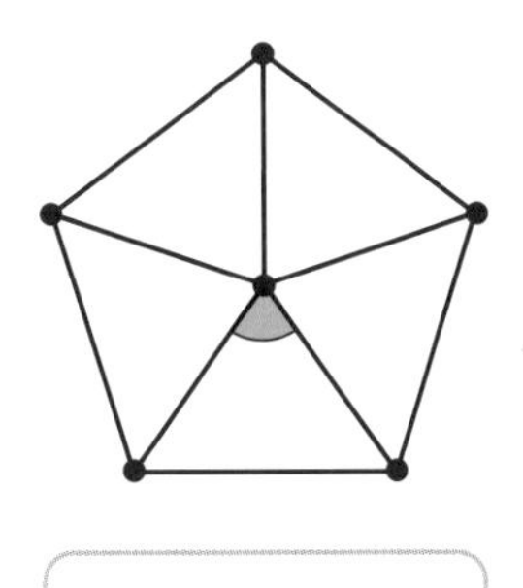

같은 크기의
삼각형 5개가 모여
정오각형이 되었어.

잘했어!

문제를 다 푼 다음, 63쪽으로!

소수

1 소수를 모두 찾아 색칠하세요.

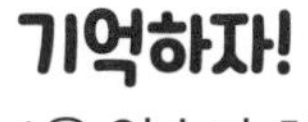

기억하자!
1은 약수가 하나예요.
그래서 소수가 아니에요.

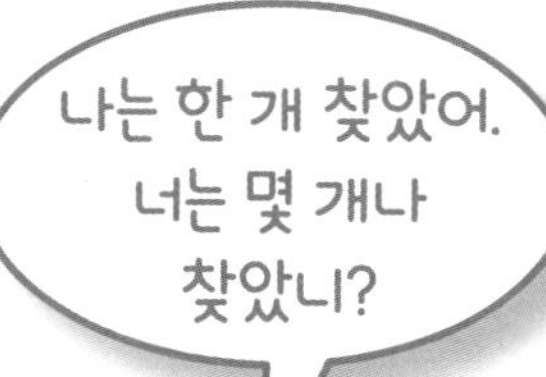

1	2	3	4	5	6	7	8	9	10
11	12	13	14	15	16	17	18	19	20

2 **1** 23이 소수인지 알아보기 위해 다음 계산을 하세요.

23 ÷ 2 ______ 나머지 ______ 23 ÷ 13 ______ 나머지 ______

23 ÷ 3 ______ 나머지 ______ 23 ÷ 17 ______ 나머지 ______

23 ÷ 5 ______ 나머지 ______ 23 ÷ 19 ______ 나머지 ______

23 ÷ 7 ______ 나머지 ______ 23 ÷ 20 ______ 나머지 ______

23 ÷ 11 ______ 나머지 ______ 23 ÷ 23 ______ 나머지 ______

2 위 계산 결과로 23이 소수라는 것을 어떻게 알 수 있나요?

____

3 다음과 같이 계산해 보아 각각의 수가 소수가 아니라는 것을 확인해 보세요.

1 18
9 × 2

2 27
______

3 35
______

4 39
______

5 51
______

6 81
______

4 다음 문장이 참인지, 거짓인지 알맞은 것에 ○표 하세요.

소수는 짝수일 수 있어요. 참 거짓

소수는 제곱수일 수 있어요. 참 거짓

체크! 체크!
소수는 오직 2개의 약수만 가져요. 1과 자기 자신. ☐

제곱수와 세제곱수

1 **1** 같은 규칙으로 3과 5에 알맞게 그려 보세요.

2 각 도형에서 작은 정사각형의 수를 세어 써 보세요. 이를 통해 제곱수를 알 수 있어요.

1 2 3 4 5

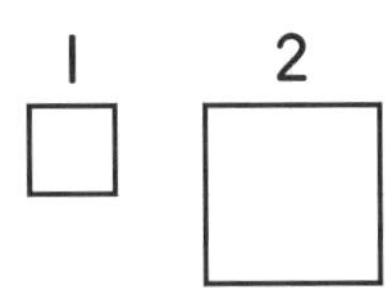

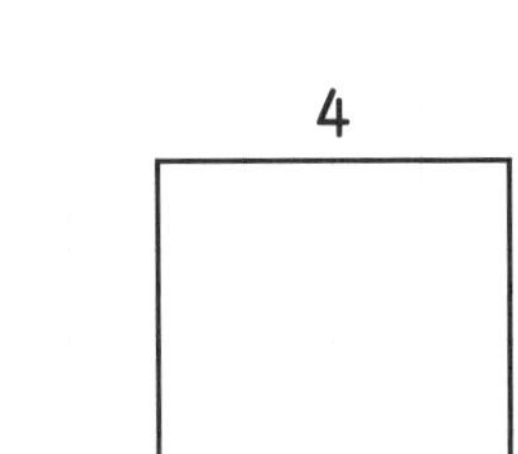

2 빈칸에 제곱수를 100까지 차례로 써 보세요.

1, 4, 9, 16, 25, , , , , 

기억하자!
한 변의 길이를 두 번 곱해 구하는 정사각형의 넓이와 같은 수를 제곱수라고 해요.
어떤 수에 자기 자신을 한 번 더 곱하면 제곱수를 만들 수 있어요.

3 표의 빈칸을 채워 한 변의 길이가 1인 정육면체가 몇 개 있는지 알아보세요.

기억하자!
세제곱수는 자기 자신을 3번 곱한 수예요.

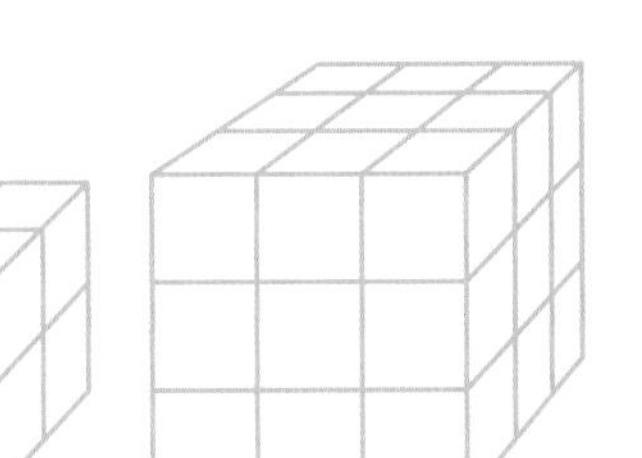

제곱수와 세제곱수는
정말 중요해.
잘 기억해 두자.

정육면체	계산식	한 변의 길이가 1인 정육면체 수
한 변의 길이가 1	1 × 1 × 1	1
한 변의 길이가 2		
한 변의 길이가 3		
한 변의 길이가 4		
한 변의 길이가 5		

문제를 다 푼 다음, 63쪽으로!

규칙

1 같은 규칙으로 4에 알맞게 그려 보세요.

1

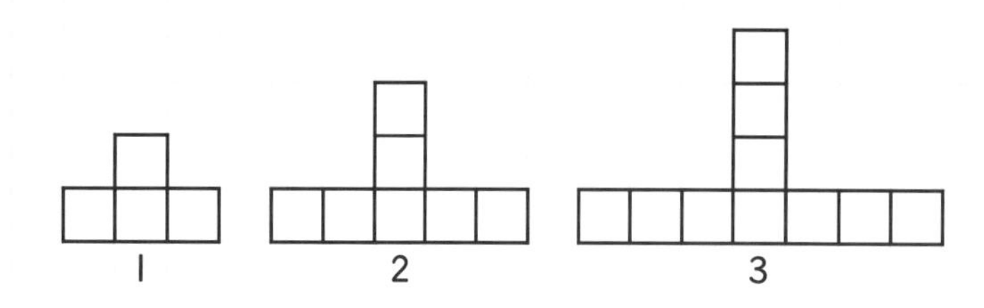

2 빈칸에 알맞은 수를 쓰세요.

번호	1	2	3	4	5
추가된 정사각형의 수(개)		3	3		
전체 정사각형의 수(개)	4	7			

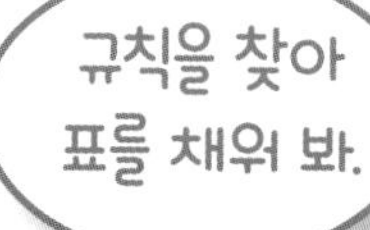

2 다음과 같은 모양을 만들었어요.

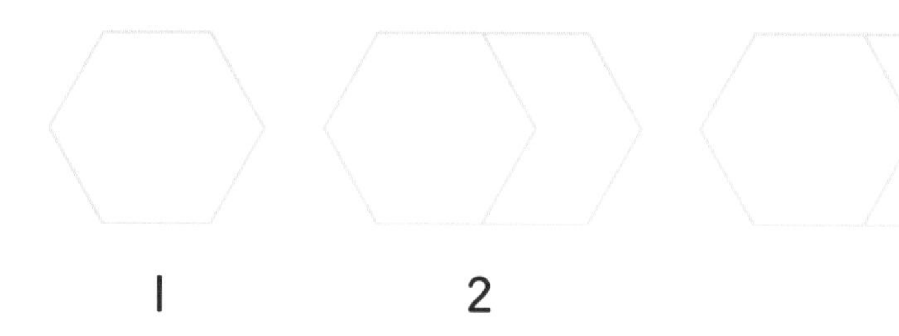

1 선이 몇 개 사용되었는지 알아보고 빈칸에 쓰세요.

번호	1	2	3	4	5
추가된 선의 수(개)					
전체 선의 수(개)	6	10			

2 어떤 규칙을 발견할 수 있나요?

3 10번에는 선이 모두 몇 개일까요?

3 빈칸에 알맞은 수를 쓰고 규칙도 써 보세요.

1 4, 6, 8, 10, 12, ☐, ☐

더하기 2

---

2 2, 4, 8, 16, 32, ☐, ☐

---

3 705, 700, 695, ☐, ☐

---

4 64, 32, 16, ☐, ☐

---

4 다음 문장이 참인지, 거짓인지 알맞은 것에 ◯표 하세요.

7, 14, 21, 28, 35, 42···

이십 번째 수는 홀수예요.	참	거짓
698도 있을 거예요.	참	거짓
100보다 큰 첫 번째 수는 105예요.	참	거짓

문제를 다 푼 다음, 63쪽으로!

넓이

1 아래 알파벳 O의 넓이를 가장 잘 어림한 것에 ◯표 하세요.

20cm² 30cm² 40cm² 50cm²

기억하자!
평면에서 차지하는 공간의 크기를 도형의 넓이라고 해요.

모눈 한 칸의 넓이는 1cm × 1cm야.

모눈 한 칸의 넓이 = 1cm²

2 다음 직사각형의 넓이를 구하세요.

기억하자!
직사각형의 넓이는 가로의 길이와 세로의 길이를 곱해서 구해요.

1

넓이 =

2

넓이 =

3 주어진 넓이가 되도록 직사각형을 완성하세요.

1

넓이 = 28cm²

2

넓이 = 21cm²

4 다음 직사각형의 넓이를 구하세요.

1

9cm

4cm 4cm

9cm

넓이 =

2

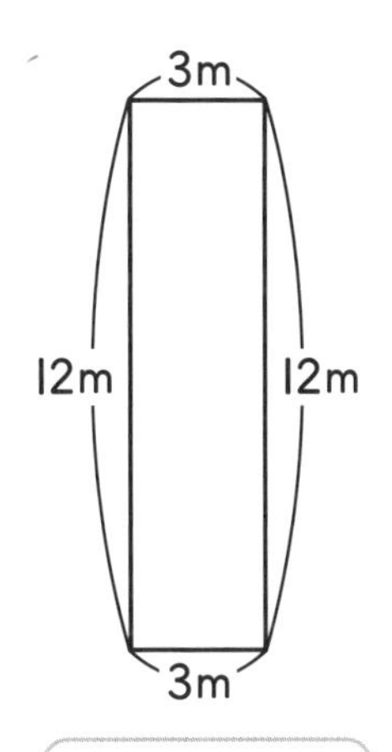

넓이 =

3

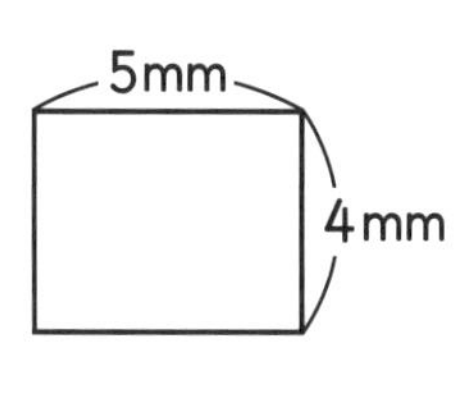

넓이 =

5 다음 도형은 모두 두 개의 직사각형과 한 개의 정사각형으로 이루어져 있어요.
정사각형은 한 변의 길이가 4cm이고 직사각형은 세로의 길이가 6cm, 가로의 길이가 4cm예요.

1 직사각형 두 개와 정사각형 한 개가 어떻게 놓여 있는지 알아보세요.
직사각형에는 빨간색을, 정사각형에는 파란색을 칠하세요.

A

B

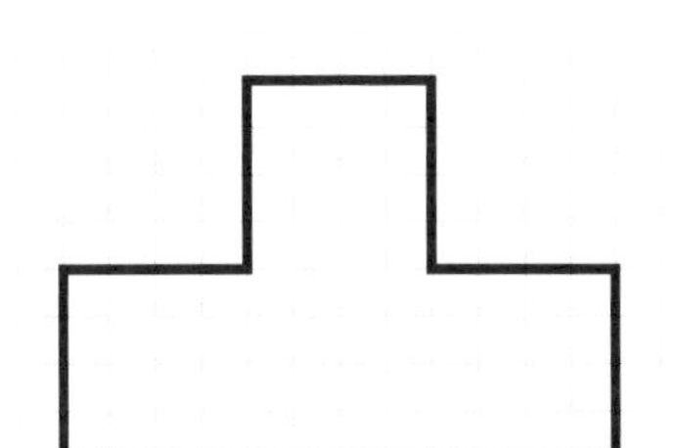

C

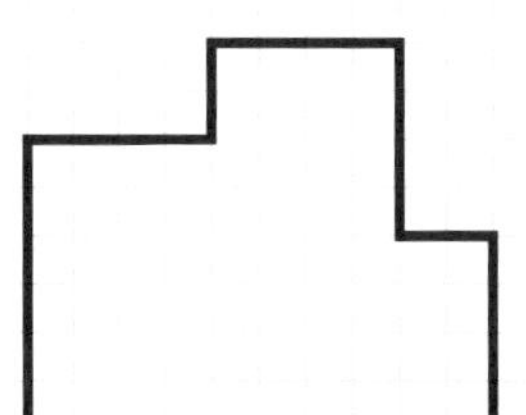

2 각 도형의 넓이를 구해 보세요.

A 넓이 =

B 넓이 =

C 넓이 =

6 다음 도형의 넓이를 구해 보세요.

넓이 =

8cm

5cm

10cm

4cm

체크! 체크!
답에 단위를 썼나요? ☐

문제를 다 푼 다음, 63쪽으로!

입체도형

기억하자!
각뿔은 옆면이 모두 삼각형이고 각기둥은 위와 아래에 있는 면이 서로 평행이에요.

1 각기둥에는 빨간색, 각뿔에는 파란색을 칠하세요.

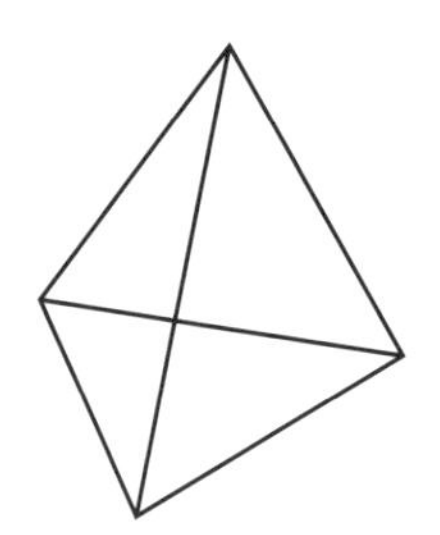
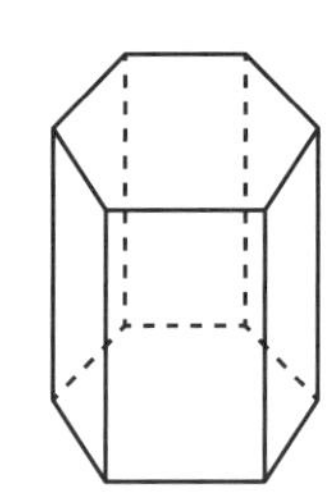
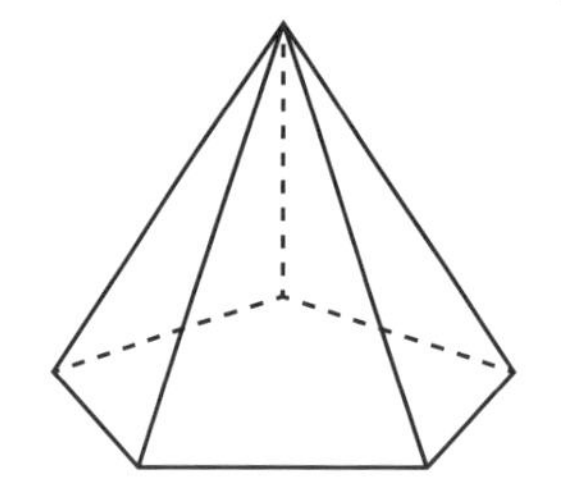
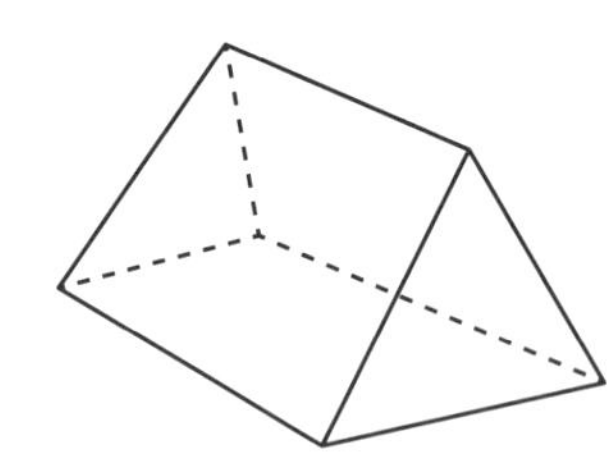
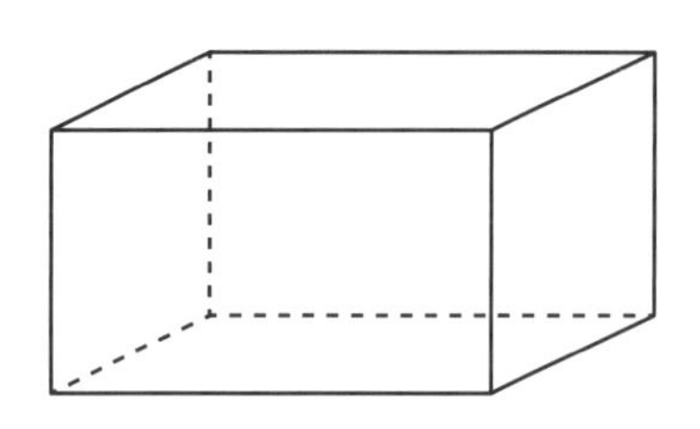
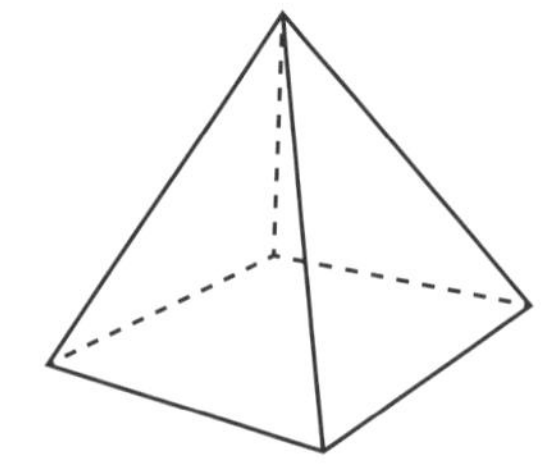
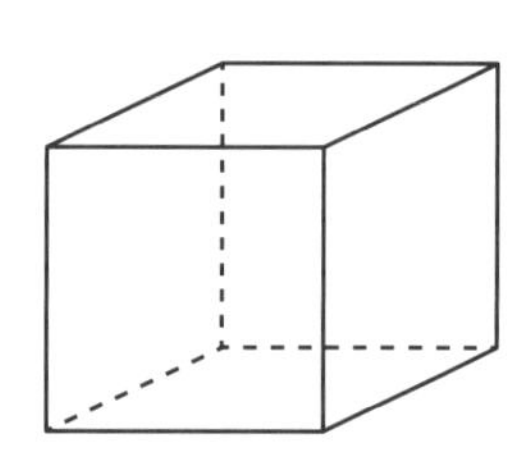

2 정육면체와 직육면체를 자유롭게 그려 보세요.

점판을 이용하면 입체도형을 그리기가 쉬워.

문제를 다 푼 다음, 63쪽으로!

부피

입체도형은 부피를 가져요. 입체도형이 공간에서 차지하는 크기를 부피라고 해요. 부피를 나타내는 단위는 cm^3예요.

1 아래 모양을 만드는 데 작은 정육면체는 몇 개 사용되었나요?

1

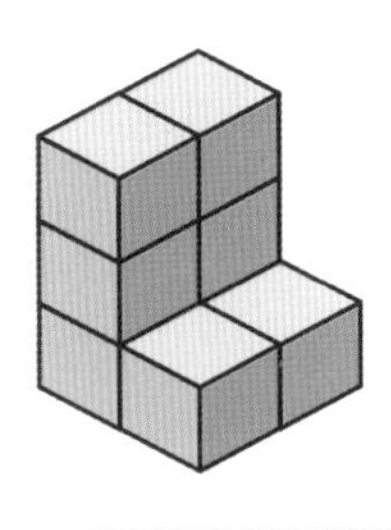

2

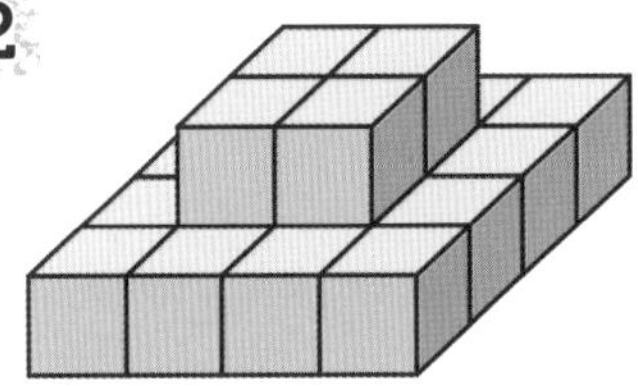

3

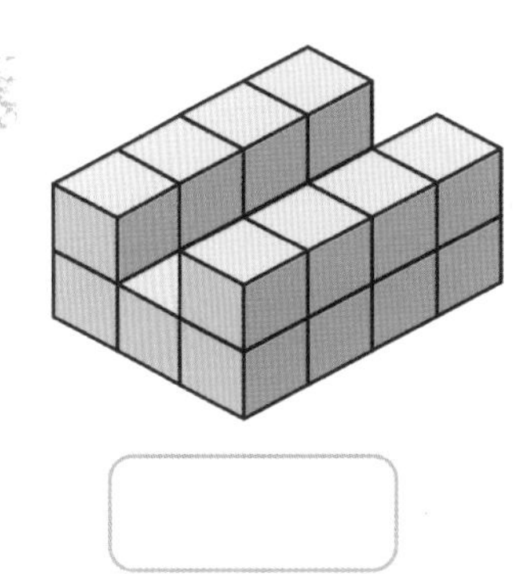

직육면체는 밑면의 넓이와 높이를 알면 부피를 구할 수 있어요.

2 아래 직육면체를 만드는 데 작은 정육면체는 몇 개 사용되었나요?

1

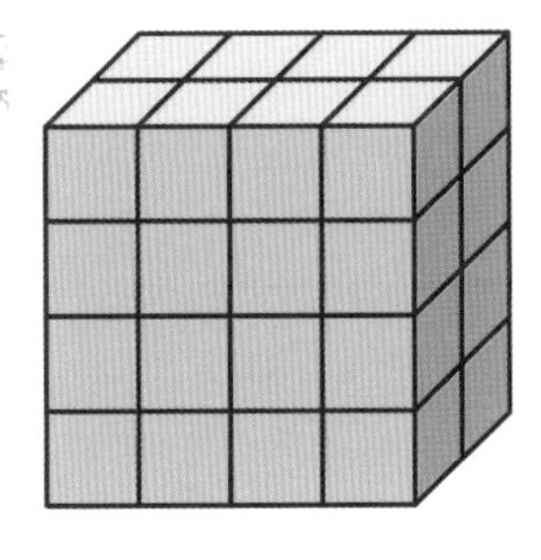

2

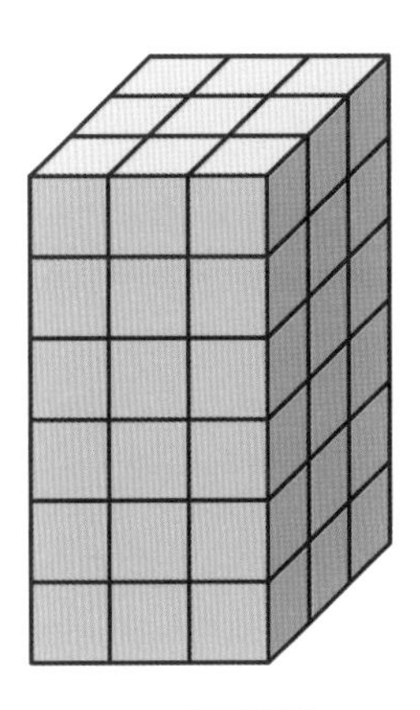

3

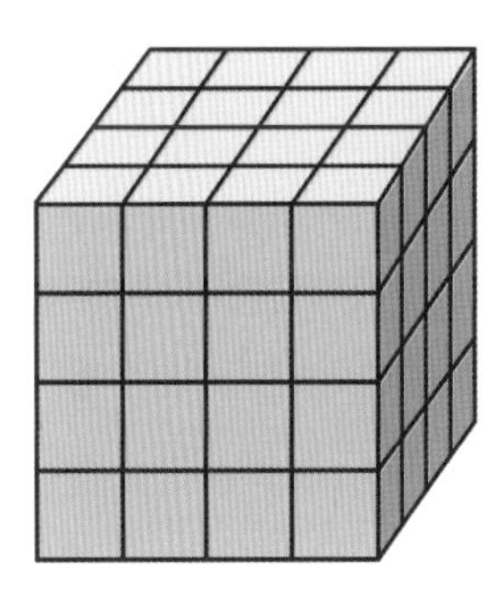

도전해 보자!

어항의 부피를 구하려고 부피가 $1cm^3$인 작은 정육면체로 길이를 가늠하고 있어요. 어항의 높이는 작은 정육면체 10개, 밑면의 가로는 20개, 세로는 5개와 같다면 어항의 부피는 얼마일까요?

높이 / 가로 / 세로

$50cm^3$　　$100cm^3$　　$500cm^3$　　$1000cm^3$　　$5000cm^3$

잘했어!

문제를 다 푼 다음, 63쪽으로!

대칭!

기억하자!

거울 선에 거울을 대면 도형이 비쳐 보여요. 이 두 도형은 거울 선을 기준으로 접었을 때 완전히 겹쳐지는 도형으로 이러한 도형을 선대칭도형이라고 해요.

1 거울 선에 거울을 대고 비춰 보세요.

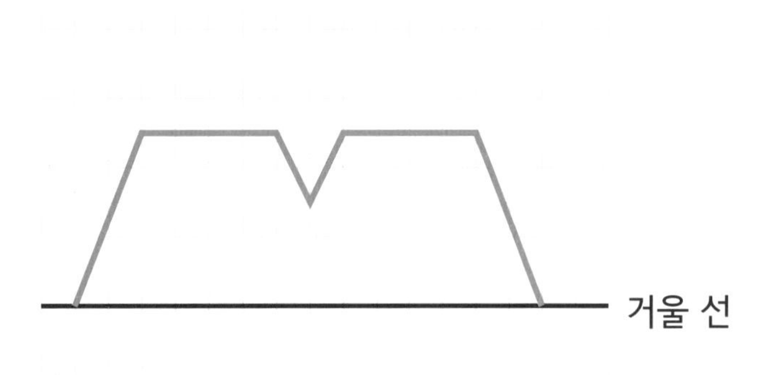

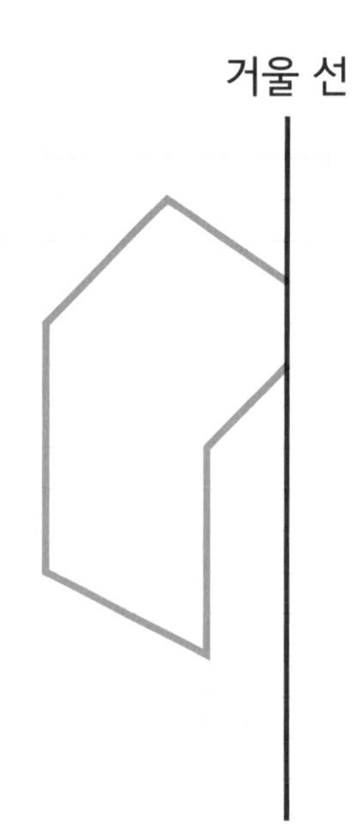

기억하자!

대각선에 거울을 대고 비추면 가로선은 세로선이 되고 세로선은 가로선이 돼요.

2 거울 선에 거울을 대고 비춰 보세요.

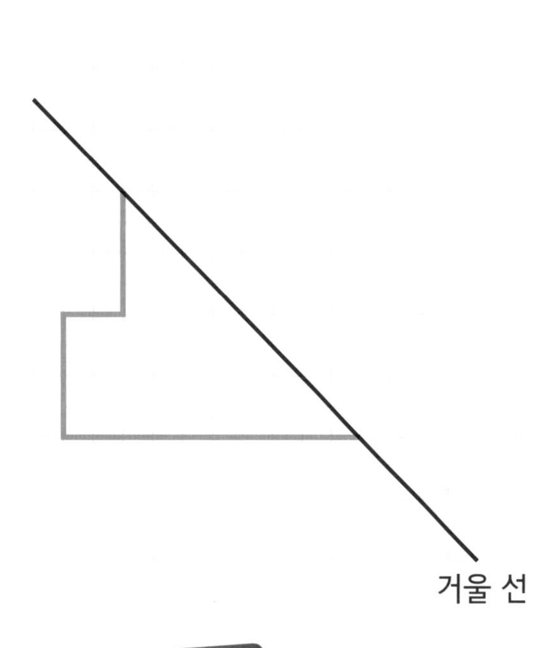

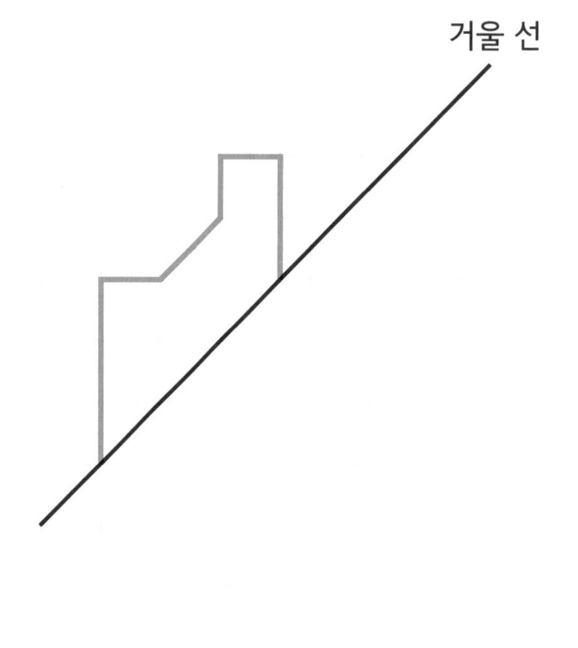

체크! 체크!

거울 선에 거울을 정확히 대었나요? □

이동

기억하자!
도형을 이동하면 모양은
변하지 않고 위치만 변해요.

1 삼각형 ABC를 오른쪽으로 6칸, 위로 4칸 이동하여 그려 보세요.

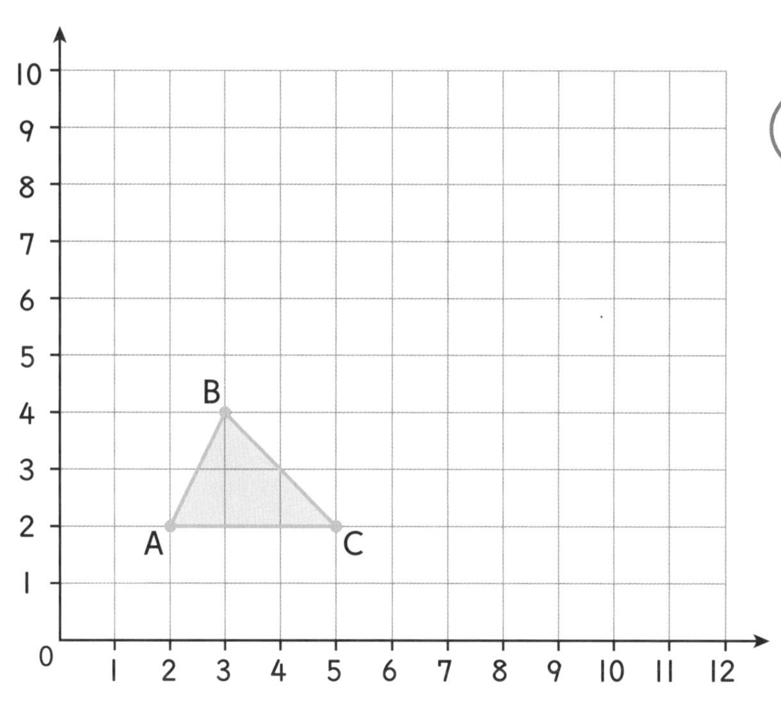

2 각 도형을 어떻게 이동했는지 써 보세요.

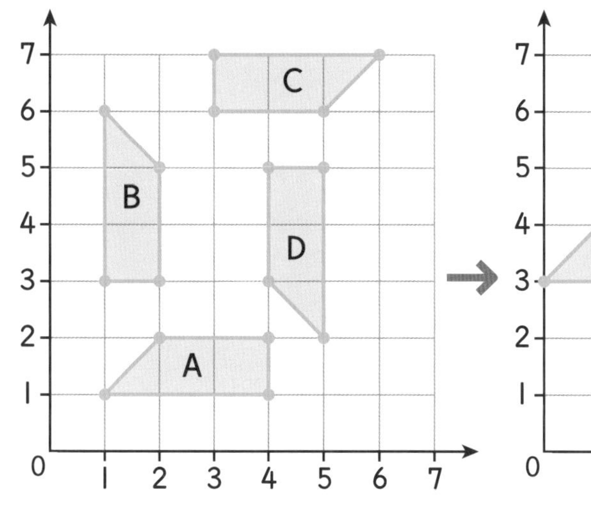

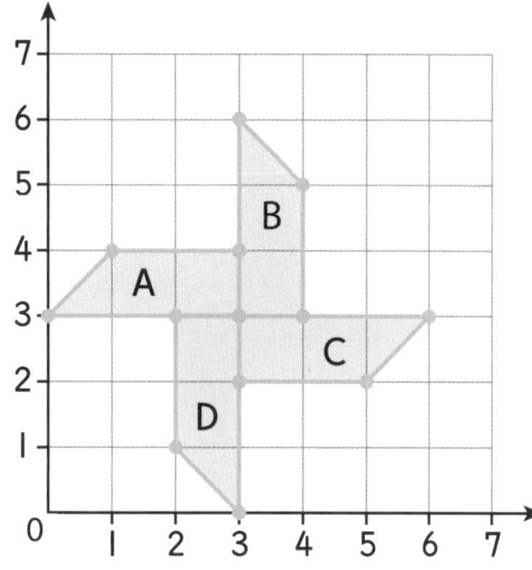

A 왼쪽으로 1칸, 위로 2칸

B

C

D

칭찬 스티커를 붙이세요.

문제를 다 푼 다음, 63쪽으로!

소수의 곱셈과 나눗셈 – 10, 100, 1000 곱하기와 나누기

기억하자!

100을 곱하거나 100으로 나누면 자리가 두 번 이동되고 1000을 곱하거나 1000으로 나누면 자리가 세 번 이동돼요.

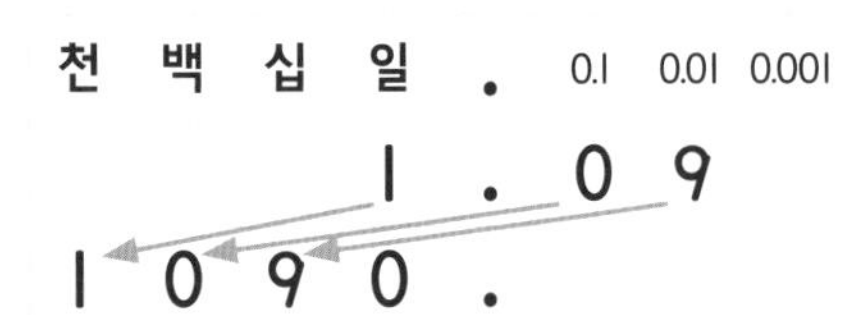

210 ÷ 1000 = 0.21

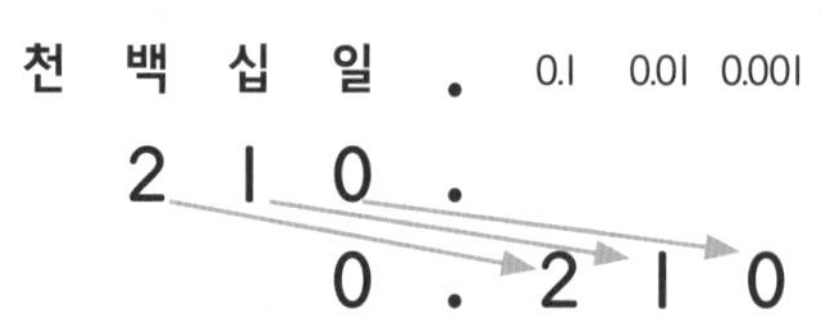

1 위 사실을 이용하여 다음 계산을 해 보세요.

1 13.75 × 100 = ☐

천	백	십	일	.	0.1	0.01	0.001
		1	3	.	7	5	
				.			

2 3.041 × 1000 = ☐

천	백	십	일	.	0.1	0.01	0.001
			3	.	0	4	1
				.			

3 31.2 ÷ 100 = ☐

천	백	십	일	.	0.1	0.01	0.001
		3	1	.	2		
				.			

4 260 ÷ 1000 = ☐

천	백	십	일	.	0.1	0.01	0.001
	2	6	0	.			
				.			

2 계산 결과가 더 큰 것을 찾아 ○표 하세요.

10 × 4.5m   100 × 50cm

답을 어떻게 구했는지 설명해 주세요.

3 3.52에 1000을 곱했을 때 5가 나타내는 수는 얼마인가요? 알맞은 것에 ○표 하세요.

오천 | 오백 | 오십 | 백분의 오 | 천분의 오

단위 변환

1 다음 물건을 사려면 100원 동전이 몇 개 필요한가요?

10000원	3500원	1400원	189500원
개	개	개	개

2 빈칸에 알맞은 수를 쓰세요.

1 7.34m = ☐ cm 2 ☐.☐ m = 1570cm 3 10.07m = ☐ cm

3 다음 표의 빈칸을 알맞게 채우세요.

기억하자!
1000g은 1kg, 1000m는 1km, 1000mL는 1L예요.

g	kg
1070	
	5.321
32100	
870	
	0.03

m	km
6500	
7050	
	56.3
750	
	0.45

mL	L
	3.5
	1.64
3710	
560	
80	

4 더 큰 것에 ◯표 하세요.

1 900mL 1L

2 295mm 3cm

3 1005g 1kg

체크! 체크!
단위 사이의 관계를 이용하여 단위를 정확하게 변환했나요? ☐

문제를 다 푼 다음, 63쪽으로!

문제 해결 (2)

1 스파이크는 그림과 같이 원에서 50° 만큼을 잘라 냈어요.
하나의 원에서 스파이크처럼 잘라 낼 수 있는 부채꼴은
최대 몇 개인가요?

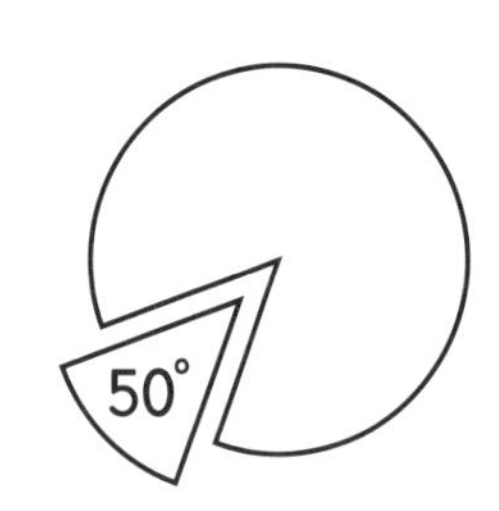

2 스파이크는 두 자리 수를 생각하고 있어요.
스파이크가 생각한 수는 무엇인가요?

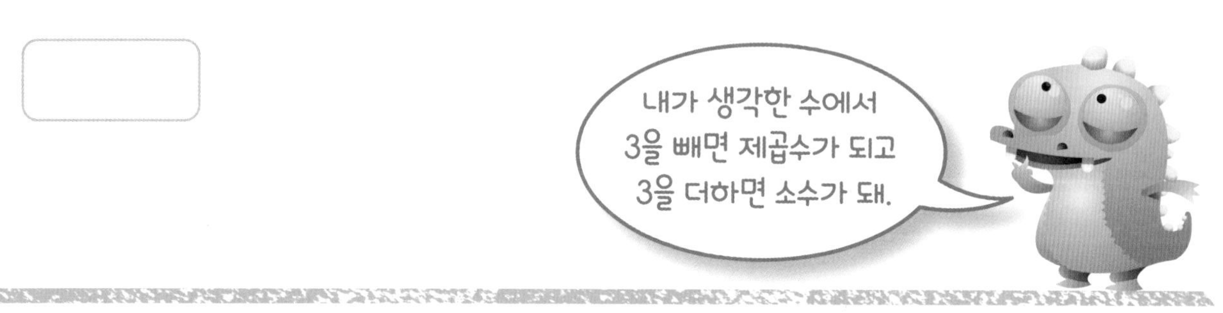

3 아래 수는 모두 어떤 두 수로 나눠져요. 그중 하나는 5예요. 나머지 하나는 무엇일까요?

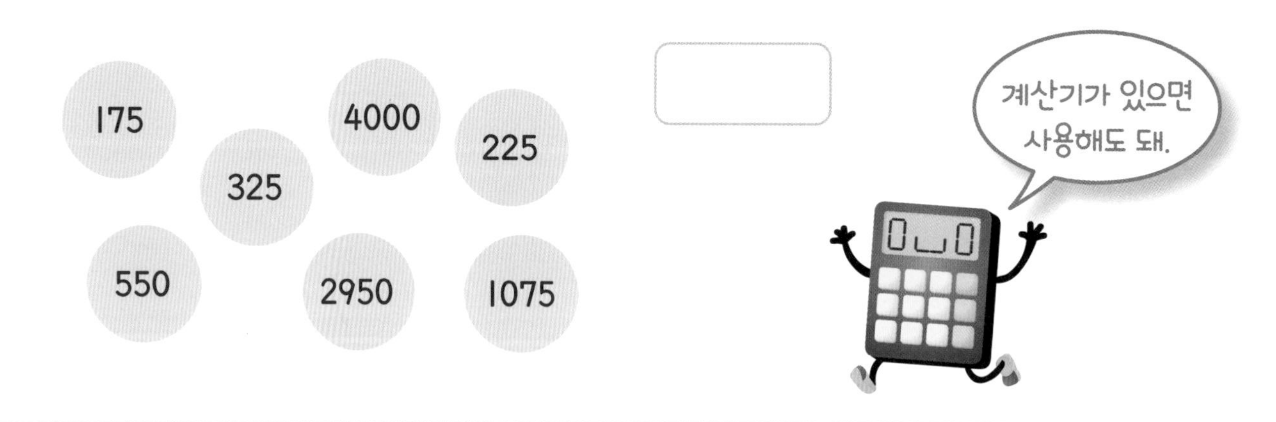

4 45802는 4로 나누어지지 않아요.
45802 다음의 수 중 4로 나누어지는 수 두 개를 구하세요.

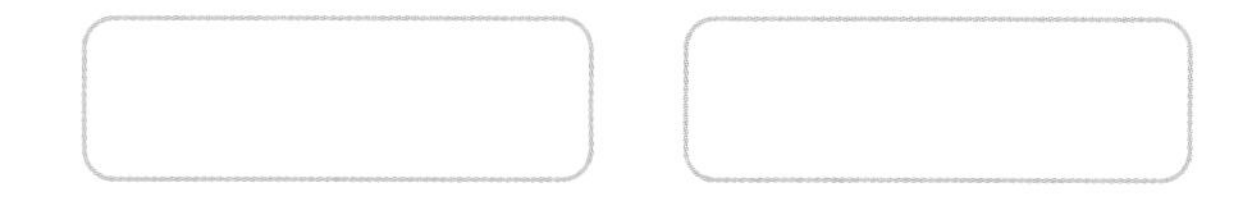

5 스파이크의 컵은 250mL를 담을 수 있어요. 우유 3L를 이 컵에 담아 마신다면
몇 번 마실 수 있나요?

 번

6 직사각형 2개를 오른쪽과 같이 놓아 새로운 도형을 만들었어요. 이 도형의 둘레와 넓이를 구해 보세요.

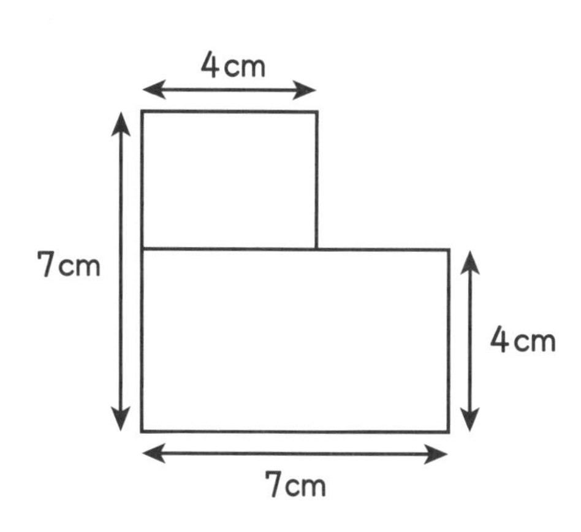

둘레 =

넓이 =

7 제이미와 동생의 몸무게를 보고 차이를 구해 보세요. 단위는 kg이에요.

기억하자!
눈금 한 칸이 얼마인지 알아보세요.

체크! 체크!
답에 단위를 썼나요? ☐

문제를 다 푼 다음, 63쪽으로!

음수

1 쇼핑센터에 6개의 층이 있어요.
다음 물음에 답하세요.

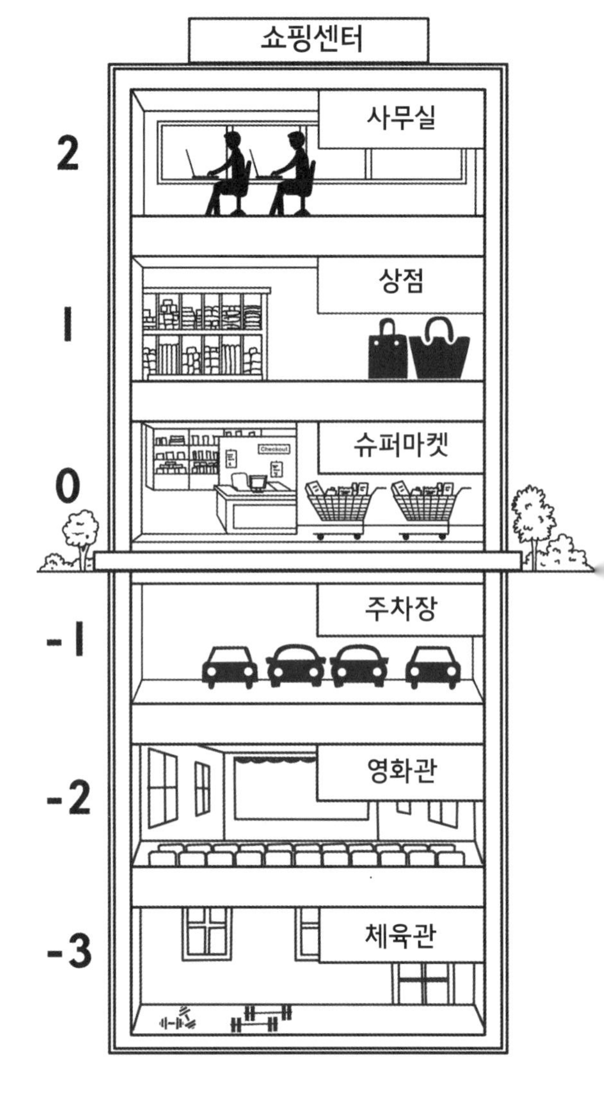

1 한 여성 고객이 지하 1층에 주차를 하고 3개의 층을 올라갔어요. 이 고객은 어디에 있나요?

2 한 남성 고객이 1층 상점에 있어요. 이 고객은 지하 3층에 있는 체육관에 가려고 해요. 몇 층을 내려가야 하나요?

3 어떤 고객이 지하 2층 영화관에 있어요. 이 고객은 상점으로 가려고 해요. 이 고객이 어떻게 이동해야 하는지 설명해 보세요.

2 11월의 어느 날, 몇몇 도시의 기온이에요.

기억하자!
우리를 둘러싸고 있는 공기의 온도를 기온이라고 해요. 덥거나 추운 정도를 나타내요.

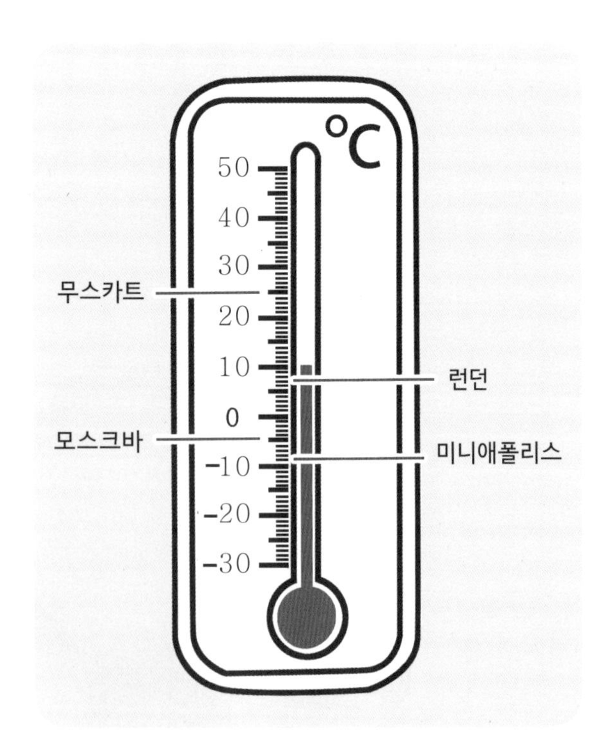

1 가장 기온이 낮은 도시는 어디인가요?

2 무스카트의 기온은 모스크바보다 얼마나 더 높은가요?

3 알래스카의 배로는 기온이 런던보다 20℃ 더 낮아요. 온도계에 배로의 기온을 표시해 보세요.

3 수직선의 빈칸에 알맞은 수를 쓰세요.

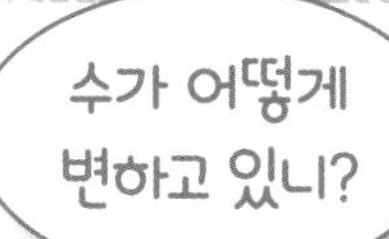

1
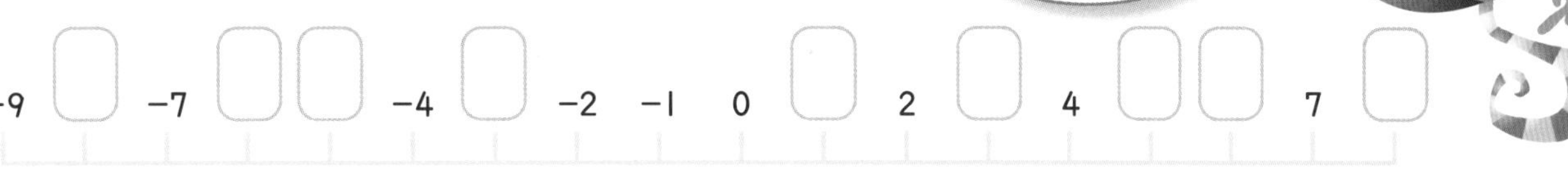

2 −45 □ −35 □ −25 □ −15 −10 −5 0 5 □ 15 □ 25 □ 35 □

3 위와 같이 수직선의 빈칸을 채우는 문제를 만들어 보세요.

4 다음 수를 작은 수부터 큰 수의 순서대로 써 보세요.

1 −4 0 −7 5 3

가장 작은 수 ______________________ 가장 큰 수

2 15 −20 −10 5 0

가장 작은 수 ______________________ 가장 큰 수

5 식이 참이면 초록색, 거짓이면 빨간색을 칠하세요.

기억하자!
>와 <는 수의 크기를 비교할 때 사용해요.

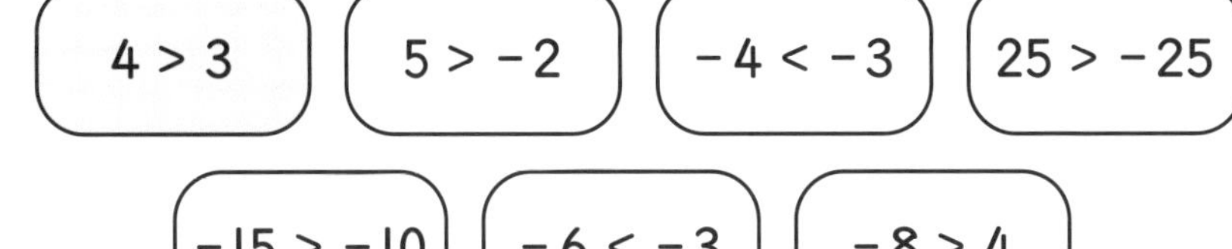

도전해 보자!

소피는 100부터 시작해서 6씩 거꾸로 뛰어 세요.
소피가 처음 세게 되는 음수는 무엇일까요?

□

6씩 거꾸로 뛰어 세는 게 어려울 거야. 쉽게 할 수 있는 또 다른 방법이 있을까?

문제를 다 푼 다음, 63쪽으로!

표

1 아이스크림 가게에서 주말 동안 팔린 아이스크림이에요.

	토요일	일요일	합계(개)
바닐라 맛	110	40	150
딸기 맛	25	23	48
초콜릿 맛	32	60	92
합계(개)	167	123	

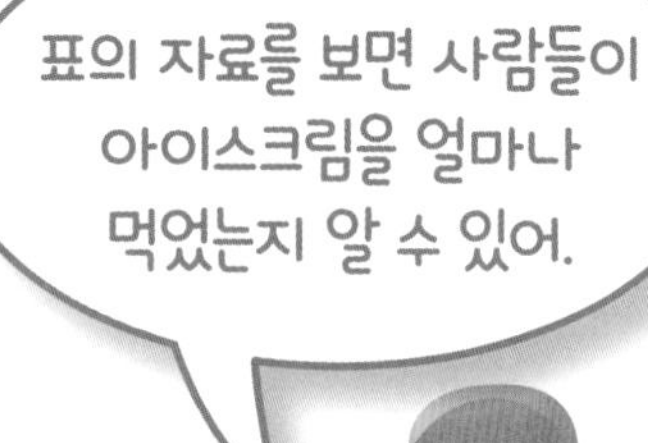

1 아이스크림은 모두 몇 개 팔렸나요?

2 일요일에 가장 많이 팔린 아이스크림은 무슨 맛 아이스크림인가요?

3 토요일에 가장 많이 팔린 아이스크림은 무슨 맛 아이스크림인가요?

2 다음 표에 변의 수와 색깔에 따라 도형을 분류해 보세요.

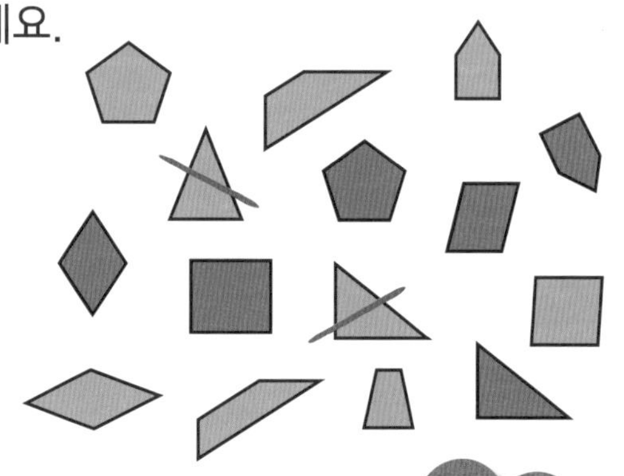

	파란색	빨간색	합계(개)
변 3개	2		
변 4개			
변 5개			
합계(개)			15

체크! 체크!

표에 적은 수를 모두 더해 보세요. 합계가 맞나요? □

문제를 다 푼 다음, 63쪽으로!

시간표

1 다음 표는 어느 문화 센터의 휴일 프로그램이에요.

시작 시각	프로그램	활동 시간	끝나는 시각
9 : 05	구슬 공예	45분	
10 : 15	원반 던지기	1시간 5분	
11 : 30	축구	35분	
12 : 20	피자 만들기	1시간 50분	
14 : 35	영화 제작	2시간 45분	

1 각 프로그램의 끝나는 시각을 써 보세요.

2 구슬 공예가 끝나고 원반 던지기가 시작될 때까지 얼마나 걸리나요? ____________

3 프로그램 활동 시간은 모두 몇 시간인가요? ____________

2 다음 버스 도착 시간표를 보고 물음에 답하세요.

기억하자!
시간표는 24시 시각으로 표시할 때도 있어요.

학교	08:07	09:35	11:05	13:05	14:35	16:05	18:05
전쟁 기념관	08:12	09:40	11:10	13:10	14:40	16:10	18:10
다리	08:23	09:51	11:21	13:21	14:51	16:21	18:21
마을 회관	08:28	09:56	11:26	13:26	14:56	16:26	18:26

마을 회관	07:41	09:11	10:41	12:41	14:11	15:41	17:41
다리	07:47	09:17	10:47	12:47	14:17	15:47	17:47
전쟁 기념관	07:58	09:28	10:58	12:58	14:28	15:58	17:58
학교	08:03	09:33	11:03	13:03	14:33	16:03	18:03

1 켈리는 버스를 타고 마을 회관에 가려고 해요.
켈리가 전쟁 기념관에 10:50에 도착해요.
켈리는 버스를 얼마나 기다려야 하나요?

2 켈리가 전쟁 기념관에서 마을 회관까지
가는 데 얼마나 걸리나요?

3 켈리는 마을 회관에서 2시간 30분을
보내고 버스를 타고 전쟁 기념관까지 갔어요.
몇 시에 버스를 탔을까요? ____________

문제를 다 푼 다음, 63쪽으로!

반올림

1 자를 이용하여 끈의 길이를 재어 보세요. 가장 가까운 cm까지 표시해 보세요.

기억하자!
cm는 센티미터라고 읽어요.

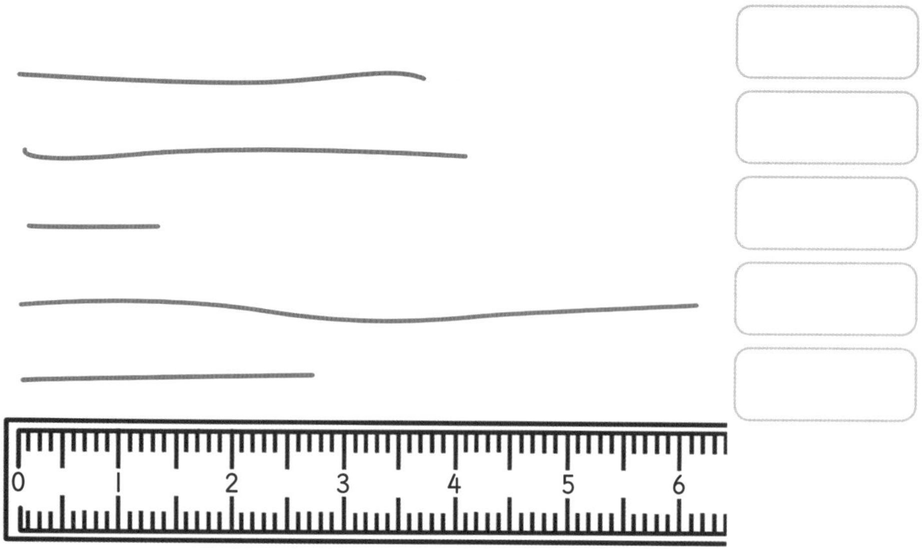

수 뒤에 단위 cm 쓰는 것을 잊지 마.

0 1 2 3 4 5 6

2 **1** 다음 수를 어림하여 수직선에 화살표로 표시해 보세요.

A: 1300 B: 2915 C: 4710 D: 8090

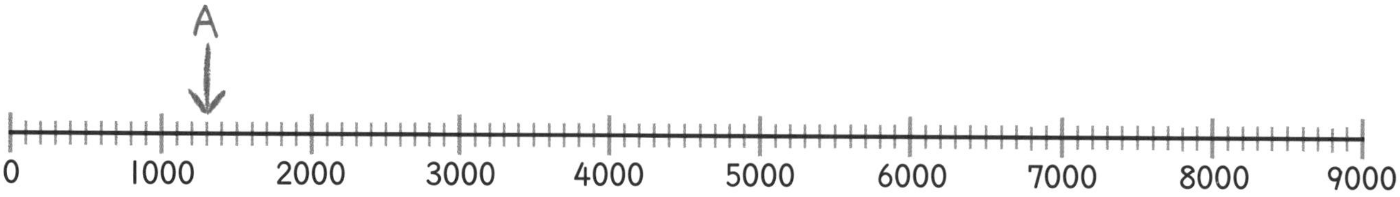

A

0 1000 2000 3000 4000 5000 6000 7000 8000 9000

2 다음 수를 반올림하여 천의 자리까지 나타내세요.

A: 1300 — 반올림하여 천의 자리까지 나타내기 — 1000

B: 2915 — 반올림하여 천의 자리까지 나타내기 —

C: 4710 — 반올림하여 천의 자리까지 나타내기 —

D: 8090 — 반올림하여 천의 자리까지 나타내기 —

반올림하려는 자리의 숫자가 5 이상이면 올리고 5 미만이면 버려.

3 반올림하여 백의 자리까지 나타내었을 때 500이 되는 수에 색칠하세요.

561 450 608 476 397 550 517

4 각 수에 대해 위, 아래로 가장 가까운 소수 첫째 자리 수를 쓰세요. 그런 다음 원래 수와 더 가까운 수에 색칠하세요.

1 [6.4] 6.41 [6.5]

2 [ ] 7.83 [ ]

3 [ ] 3.46 [ ]

4 [ ] 0.74 [ ]

5 다음 표를 완성하세요.

반올림하여 나타내기	381537	705842
10의 자리까지	381540	
100의 자리까지		
1000의 자리까지		706000
10000의 자리까지	380000	
100000의 자리까지		

체크! 체크!
반올림을 하여도 전체 자릿수는 변하지 않았나요? ☐

문제를 다 푼 다음, 63쪽으로!

백분율

기억하자!
백분율은 전체 100에서 차지하는 양을 의미해요.

1 각 백분율을 10×10 모눈에 색칠하세요.

1 23%

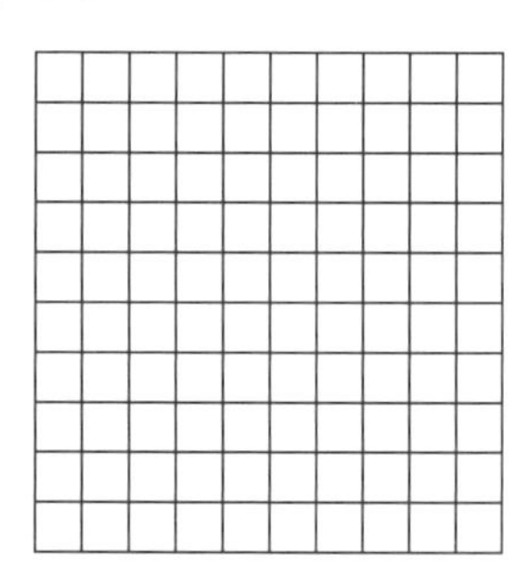

2 72%

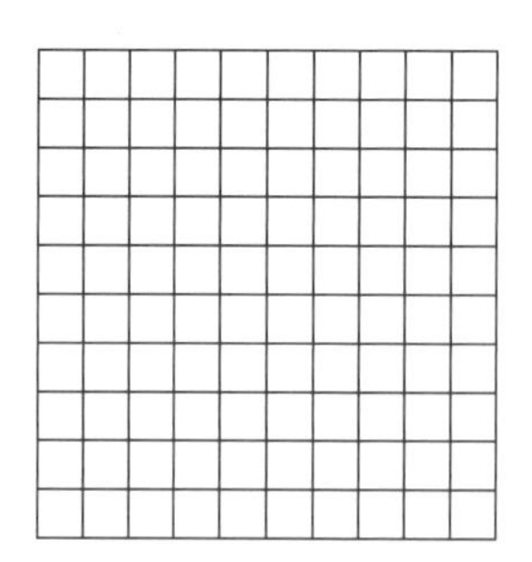

3 45%

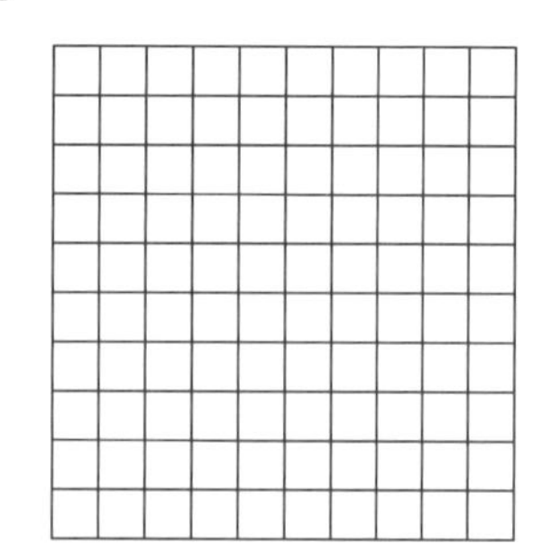

2 다음 모양에 백분율만큼 색칠하세요.

1 50%

2 40%

3 75%

3 **1** 각 색깔로 칠해진 사각형의 개수를 쓰세요.

빨강: ☐ 노랑: ☐ 파랑: ☐

2 색칠된 사각형의 수를 다음과 같이 나타낼 때 빈칸에 알맞은 수를 쓰세요.

빨강:  $\frac{\square}{100}$ 또는  ☐ %

노랑:  $\frac{\square}{100}$ 또는 ☐ %

파랑: 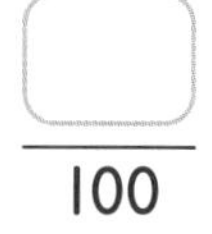 $\frac{\square}{100}$ 또는 ☐ %

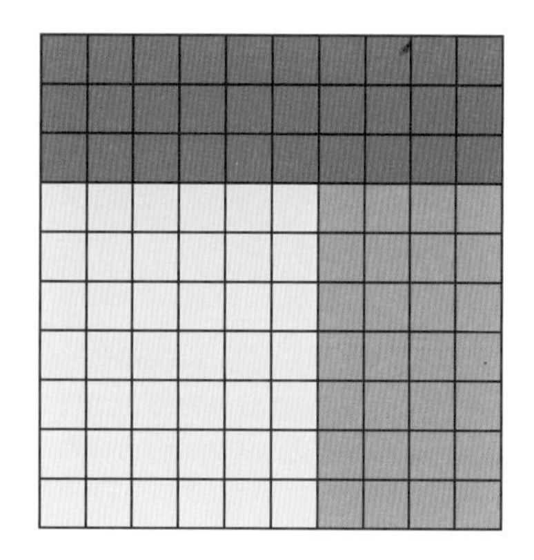

체크! 체크!
백분율을 모두 합하면 100이 되는지 확인했나요? 

4 같은 수를 나타내는 카드 4장을 찾아 같은 색깔로 칠하세요.

0.25	$\frac{40}{100}$	20%	25%	0.75	$\frac{20}{100}$	$\frac{1}{2}$
50%	0.2	$\frac{2}{5}$	40%	$\frac{75}{100}$	$\frac{50}{100}$	0.4
$\frac{1}{5}$	0.5	75%	$\frac{25}{100}$	$\frac{1}{4}$	$\frac{3}{4}$	

5가지 색깔이 필요해.

5 왼쪽의 사실을 이용하여 빈칸에 알맞은 수를 쓰세요.

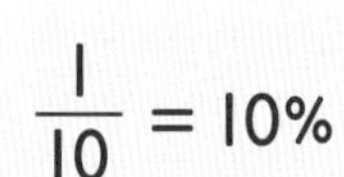

$\frac{1}{10} = 10\%$

$20\% = \frac{1}{5}$

$50\% = \frac{1}{2}$

$25\% = \frac{1}{4}$

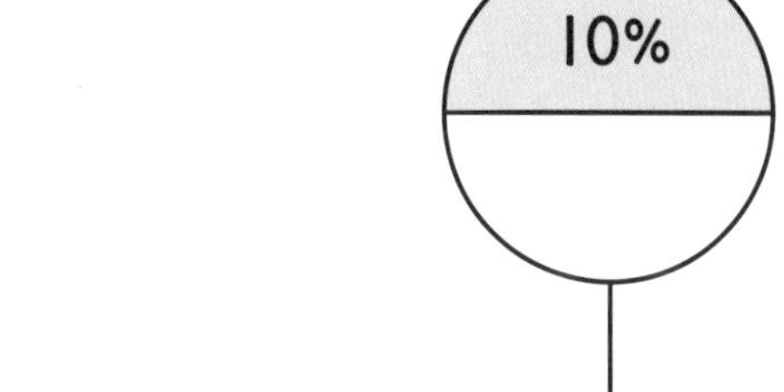

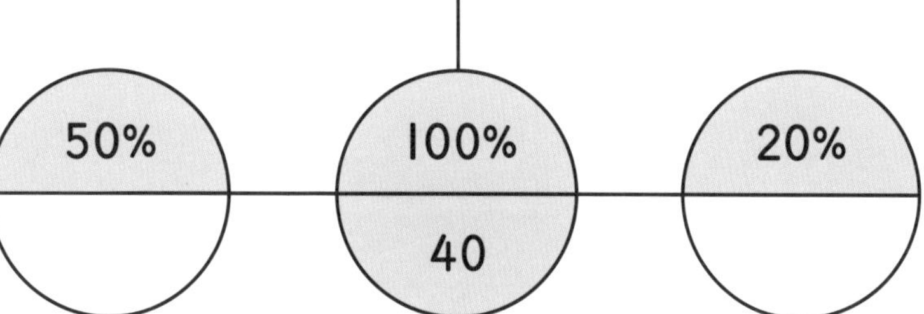

25%

도전해 보자!

로트가 어떤 수를 생각해요.

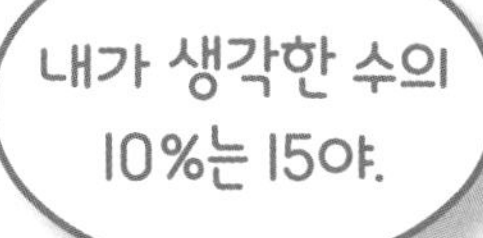

로트가 생각한 수의 30%는 얼마인가요?

로트가 생각한 수의 5%는 얼마인가요?

로트가 생각한 수의 15%는 얼마인가요?

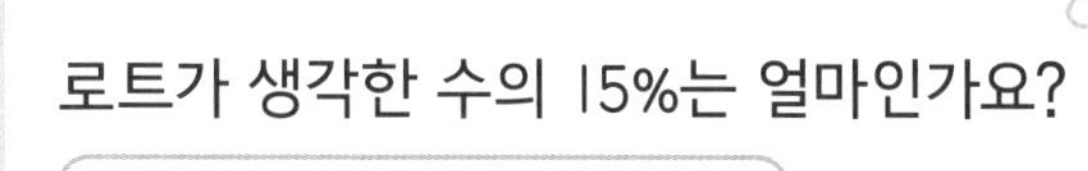

잘했어!

나눗셈

1 다음 나눗셈을 하세요.

1 $5\overline{)935}$

2 $3\overline{)690}$

3 $6\overline{)174}$

4 $1533 \div 7$

5 $2892 \div 6$

6 $6822 \div 9$

2 1 $3875 \div 7 =$ ☐ 나머지 ☐

2 위 1번과 나머지가 같은 또 다른 나눗셈을 만들어 보세요.

☐ $\div\ 7 =$ ☐ 나머지 ☐

3 다음 표의 빈칸을 완성하여 3240을 똑같이 나눌 수 있는 방법을 알아보세요.

<table>
<tr><td colspan="40">3240</td></tr>
<tr><td colspan="10"></td><td colspan="10"></td><td colspan="10"></td><td colspan="10"></td></tr>
<tr><td colspan="5"></td><td colspan="5"></td><td colspan="5"></td><td colspan="5"></td><td colspan="5"></td><td colspan="5"></td><td colspan="5"></td><td colspan="5"></td></tr>
<tr><td colspan="13"></td><td colspan="14"></td><td colspan="13"></td></tr>
<tr><td colspan="8"></td><td colspan="8"></td><td colspan="8"></td><td colspan="8"></td><td colspan="8"></td></tr>
</table>

나머지

기억하자!
문제에 따라 나머지를 올리는 경우도 있고 버리는 경우도 있어요.

답이 항상 이치에 맞는지, 말이 되는지 생각해 봐. 예를 들어 사람 3.4명은 말이 안 돼.

1 다음 문제를 읽고 올바른 것에 ◯표 하세요.

1 에니그마는 카드 92장이 필요해요.
카드는 10장씩 한 팩으로 팔아요.
에니그마는 카드 [90] [100] 장을 사야 해요.

2 에니그마는 끈 17.6m가 필요해요. 끈은 1m 단위로 팔아요.
에니그마는 끈 [17] [18] m를 사야 해요.

3 퀴즈 팀은 10명이 한 팀이에요.
어린이가 45명 있다면 몇 팀을 만들 수 있나요?
[4] [5] 팀을 만들 수 있어요.

2 다음 문제를 풀고 나머지는 올리거나 버려서 답을 써 보세요.

1 248일에는 몇 주가 있나요?

$7\overline{)248}$ = ______ 답 = ______

2 창고에 타이어가 817개 있어요. 자동차 몇 대에 새로운 타이어를 끼울 수 있나요?

답 = ______

체크! 체크!
답이 이치에 맞나요?
예) '사람 반 명'은 이치에 맞지 않아요.

3 벤치 하나에 6명이 앉을 수 있어요.
1726명이 앉으려면 벤치 몇 개가 필요한가요?

답 = ______

4 사탕 하나는 90원이에요. 5000원으로 사탕 몇 개를 살 수 있나요?

답 = ______

문제를 다 푼 다음, 63쪽으로!

미터법

1 다음 자는 cm와 mm를 잴 수 있어요.

기억하자!
1cm는 10mm예요.

책의 한 변의 길이가 12.5cm예요. 이 길이를 mm로 나타내세요.

기억하자!
길이의 단위는 m, cm, mm 외에도 인치, 야드 등이 있어요. 나라마다 주로 쓰는 단위가 다르기도 해요.

2 다음 물건의 길이를 자로 재어 보고 cm와 mm로 나타내어 보세요.

물건	cm	mm
책의 가로 길이		
머그잔의 높이		
연필의 길이		
신발의 길이		

3 프랑스의 속도 제한 표지판이에요. 시간당 가는 거리를 km로 나타내고 있어요. 이것을 m로 나타내 보세요.

기억하자!
1km는 1000m예요.

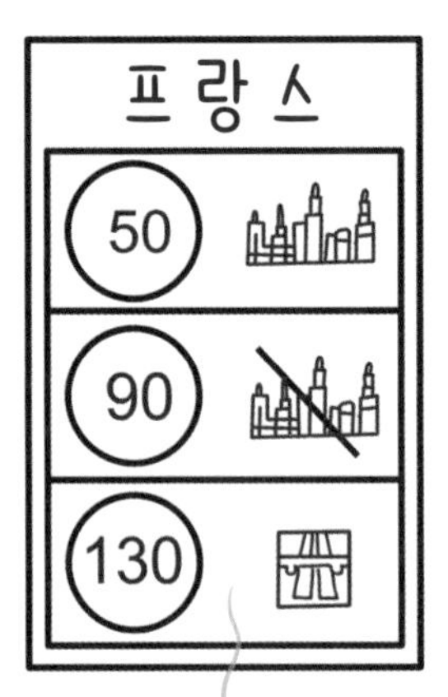

1 50 km = ☐ m

2 90 km = ☐ m

3 130 km = ☐ m

프랑스는 거리를 잴 때 km 단위를 사용해.

문제를 다 푼 다음, 63쪽으로!

로마 숫자

기억하자!
로마 숫자는 순서가 중요해요.

1 다음 로마 숫자를 아라비아 숫자로 나타내세요.

1	5	10	50	100	500	1000
I	V	X	L	C	D	M

1 MMIII ______

2 MMXIV ______

3 MCMV ______

4 MDCLXVI ______

2 칼은 다음 세 장의 카드로 로마 숫자를 만들어요.

칼이 만들 수 있는 수 두 개는 무엇인가요?

3 다음 계산을 하여 빈칸에 알맞은 로마 숫자를 쓰세요.

1 C−LXIV = ☐

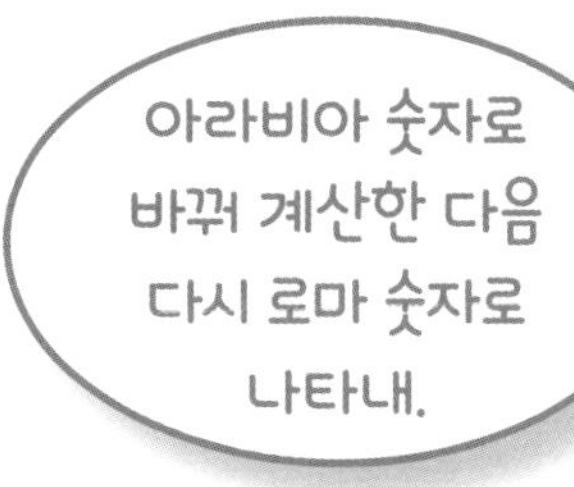

체크! 체크!
4는 V 앞에 I, 9는 X 앞에 I예요.
맞게 썼나요?

2 CL+CCCXXV = ☐

문제를 다 푼 다음, 63쪽으로!

꺾은선그래프

1 어느 날 운동장의 기온이에요.

1 오후 2시까지 모은 자료는 몇 개인가요?

2 오후 3시의 기온은 9℃였어요.
이것을 그래프에 나타내 보세요.

3 그래프를 보고 오전 11:30의 기온을 어림해 보세요.

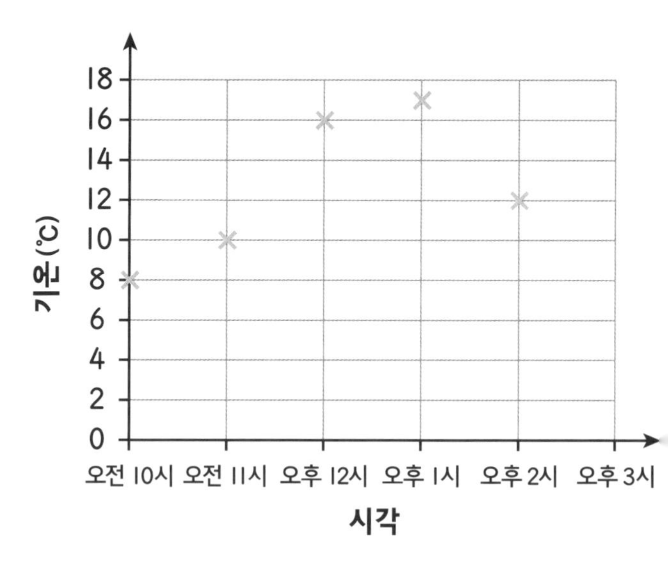

2 5일 동안의 기온을 재어 그래프로 나타내 보세요.

기억하자!
꺾은선그래프는 시간이 지남에 따라 자료가 어떻게 변하는지 알고 싶을 때 사용하면 좋아요.

1 그래프의 축에 기온과 5일의 날짜를 나타내세요.

2 가장 기온이 높은 날은 언제인가요? __________

3 가장 기온이 낮은 날은 언제인가요? __________

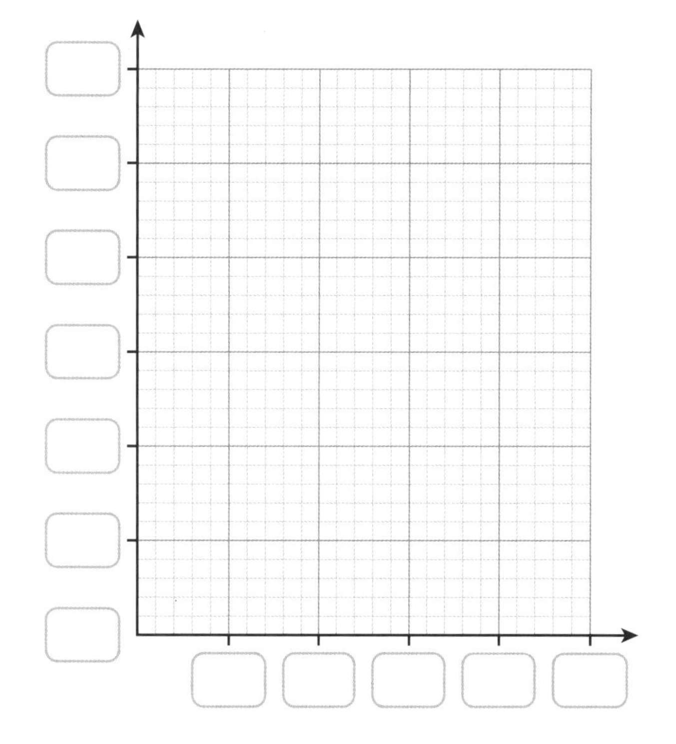

체크! 체크!
가로축에 날짜, 세로축에 기온을 나타냈나요? ☐

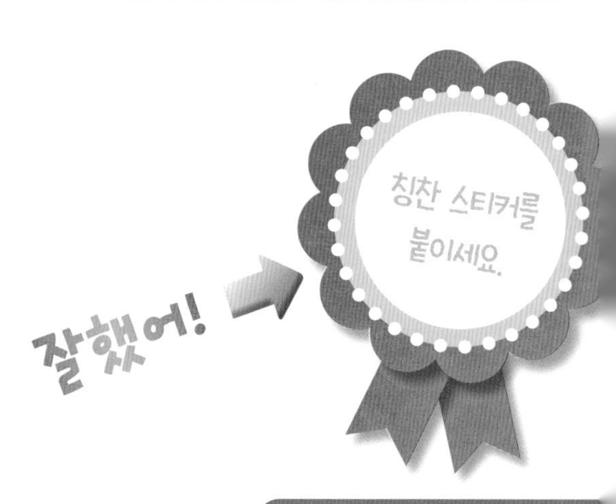

문제를 다 푼 다음, 63쪽으로!

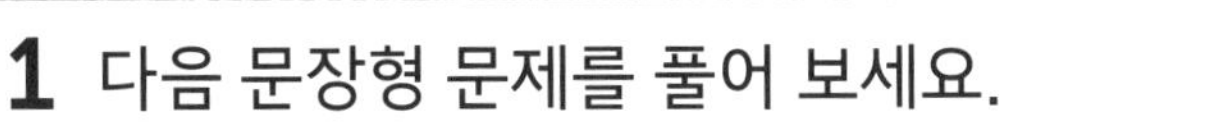

문장형 문제

기억하자!

문제마다 여러 가지 방법으로 곱하거나 나눌 수 있어요. 자신만의 방법을 찾아보세요.

1 다음 문장형 문제를 풀어 보세요.

1 어린이 24명과 성인 5명이 박물관에 갔어요.

입장권 어린이 4990원 (B 002895)

입장권 성인 9990원 (B 005895)

모두 박물관에 들어가기 위해 얼마를 내야 하나요? [ ]

2 유리잔을 3개 묶음, 6개 묶음으로 팔아요.
셉은 유리잔 21개가 필요해요. 유리잔을 어떻게 사야 가장 싸게 살 수 있나요? 또 그때 가격은 얼마인가요?

____

____

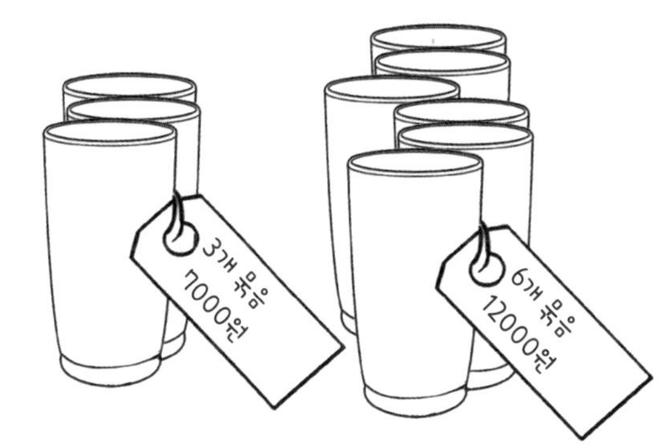

3 루비는 일주일에 800원을 저금해요.
3년이면 얼마를 저금할까요?

[ ]

4 길이가 5m 40cm인 리본을 12개로 똑같이 나누어 그중 7개를 팔았어요. 남은 리본의 길이는 얼마인가요?

[ ]

5 롭은 사진을 243장 가지고 있어요. 이것을 앨범 한 페이지에 4장씩 꽂아 정리해요. 앨범 하나에 12페이지가 있다면 앨범은 모두 몇 개 필요한가요?

[ ]

체크! 체크!

문제를 잘 읽고 올바른 계산을 했는지 확인하세요.

까다로운 퍼즐

1 프로덕트가 생각한 수는 무엇일까요?

2 프로덕트가 건전지 52개를 샀어요.

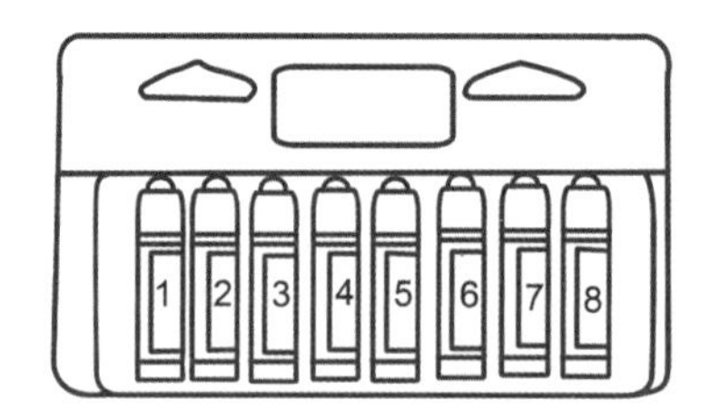

건전지가 위와 같이 포장되어 있다면 프로덕트는
포장된 건전지를 몇 개씩 샀을까요?

3 다음 숫자 카드를 사용하여 서로 다른 소수 2개를 만드세요.
반올림하여 일의 자리까지 나타냈을 때 같은 수가 되도록 만들어 보세요.

3 4 5 6

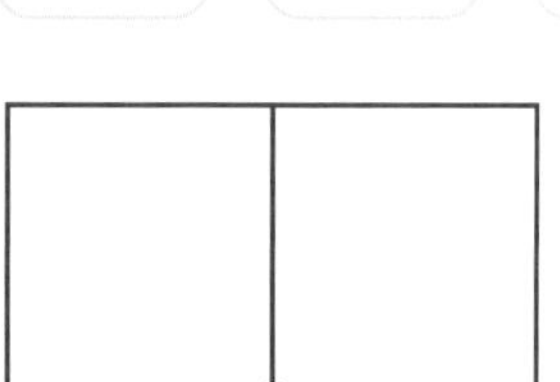

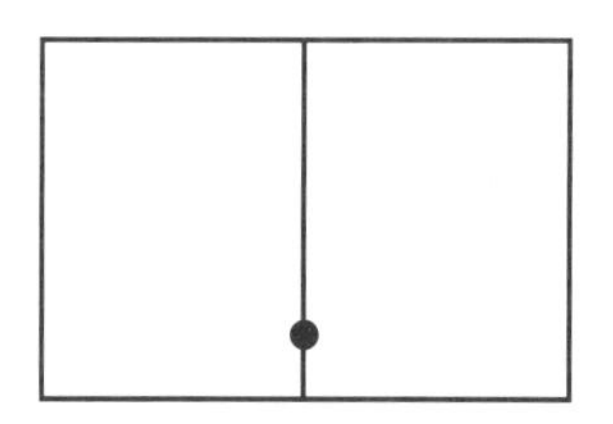

4 이 책의 각 페이지에는 번호가 매겨져 있어요.
번호는 1부터 시작해요. 페이지 번호에는
숫자 9가 30번 사용되었고, 마지막 페이지
번호에는 숫자 9가 있어요.
이 책은 몇 페이지까지 있을까요?

5 루빅큐브 퍼즐의 맨 위층을 다음과 같이 90도 돌렸어요.

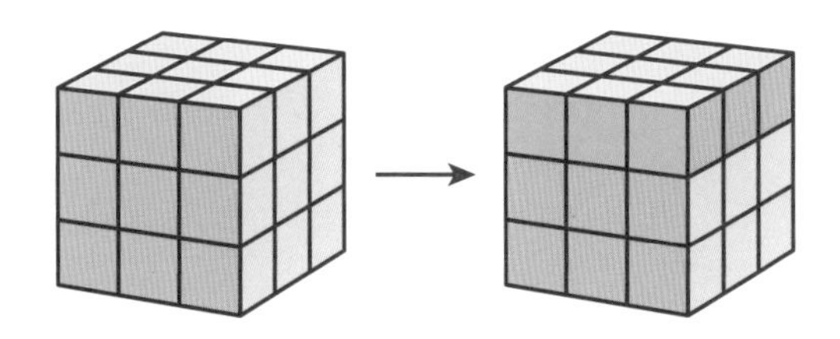

맨 아래층은 변함이 없으니 색칠하지 않아도 돼.

루빅큐브 퍼즐의 색깔이 어떻게 변했는지 색칠해 보세요.

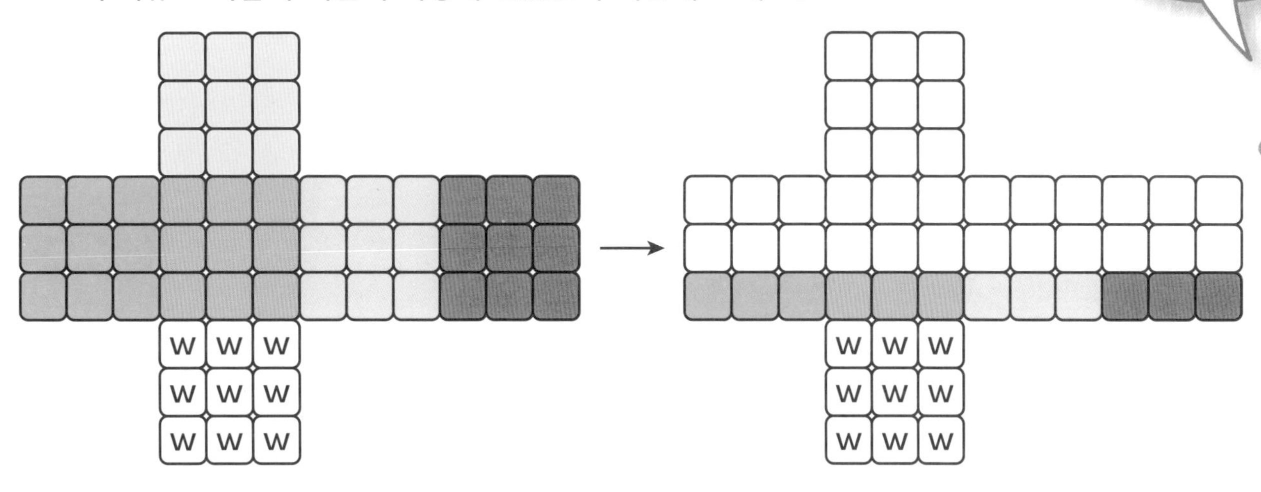

6 프라이머는 1부터 100까지의 수를 2와 10 사이의 어떤 비밀의 수로 나누어 새로운 표에 답을 쓰고 있어요.

÷ ?

1	2	3	4	5	6	7	8	9	10
11	12	13	14	15	16	17	18	19	20
21	22	23	24	25	26	27	28	29	30
31	32	33	34	35	36	37	38	39	40
41	42	43	44	45	46	47	48	49	50
51	52	53	54	55	56	57	58	59	60
61	62	63	64	65	66	67	68	69	70
71	72	73	74	75	76	77	78	79	80
81	82	83	84	85	86	87	88	89	90
91	92	93	94	95	96	97	98	99	100

					11.2	11.4	11.6		
					13.2	13.4	13.6		

이것이 프라이머가 구한 답이에요.

프라이머의 비밀의 수는 무엇일까요?

칭찬 스티커를 붙이세요.

체크! 체크!

문제를 다시 한번 잘 읽고 답을 확인하세요. 

문제를 다 푼 다음, 63쪽으로!

나의 실력 점검표

얼굴에 색칠하세요.

- 잘할 수 있어요.
- 할 수 있지만 연습이 더 필요해요.
- 아직은 어려워요.

쪽	나의 실력은?	스스로 점검해요!
2~3	앞 단계 내용을 기억해요.	
4~5	9999보다 큰 수에 대해 자릿값을 사용해요.	
6~7	곱셈을 기억하고 계산할 때 이용해요.	
8	10, 100, 1000 곱하기와 나누기를 해요.	
9	두 자리 수 곱하기를 해요.	
10~11	진분수와 가분수를 알고 가분수를 대분수로 나타낼 수 있어요.	
12~13	세로셈으로 덧셈과 뺄셈을 할 수 있어요.	
14	크기가 같은 분수를 이용하여 분수의 덧셈과 뺄셈을 할 수 있어요.	
15	분수에 자연수를 곱할 수 있어요.	
16~17	몇 개의 도형이 합쳐진 도형의 둘레를 구할 수 있어요.	
18~19	정다각형을 설명할 수 있고, 사각형의 대각선에 대해 이야기할 수 있어요.	
20~21	알고 있는 사실을 이용하여 문제를 해결할 수 있어요.	
22~23	소수의 순서를 알고 크기를 비교할 수 있으며 계산할 수 있어요.	
24~25	배수와 약수를 찾을 수 있어요.	
26	약수를 이용하여 계산할 수 있어요.	
27	세로셈으로 곱셈을 할 수 있어요.	

너는 어때?

쪽	나의 실력은?	스스로 점검해요!
28~29	암산을 할 수 있어요.	
30~31	각도에 관한 사실을 이용하여 빠진 곳의 각도를 구할 수 있어요.	
32~33	소수, 제곱수, 세제곱수를 찾을 수 있어요.	
34~35	규칙을 찾아 다음에 올 것을 알 수 있어요.	
36~37	도형의 넓이를 구할 수 있어요.	
38	입체도형을 설명할 수 있고, 점판에 그릴 수 있어요.	
39	입체도형의 부피를 구할 수 있어요.	
40~41	도형의 대칭과 이동을 알고 그릴 수 있어요.	
42~43	10, 100, 1000을 곱하거나 나누는 소수 계산을 할 수 있고, 이것을 이용하여 단위 사이의 변환을 할 수 있어요.	
44~45	알고 있는 사실을 이용하여 문제를 해결할 수 있어요.	
46~47	음수와 양수의 순서를 알고 크기를 비교할 수 있어요.	
48	두 가지 기준의 표를 보고 자료를 정리할 수 있어요.	
49	시간표를 이해할 수 있어요.	
50~51	반올림하여 0.1의 자리~천의 자리까지 나타낼 수 있어요.	
52~53	백분율을 알고 계산할 수 있어요.	
54~55	세로셈으로 나눗셈을 할 수 있고 나머지를 어떻게 해야 하는지도 알아요.	
56	미터법 단위를 변환할 수 있어요.	
57	로마 숫자를 읽고 쓸 수 있어요.	
58	꺾은선그래프를 해석할 수 있어요.	
59~61	문장형 문제와 까다로운 퍼즐을 풀 수 있어요.	

정답

2~3쪽

1-1. 60, 100, 120, 140, 180 **1-2.** −4, −2, −1, 1, 4

1-3. 4, 5, 5.5, 7.5, 8

1-4. $1\frac{3}{5}$, $1\frac{4}{5}$, $2\frac{1}{5}$, $2\frac{2}{5}$, $2\frac{4}{5}$, 3, $3\frac{1}{5}$

2-1. 2의 배수이지만 10의 배수는 아닌 수: 428, 896
5의 배수이지만 10의 배수는 아닌 수: 125, 305
2의 배수, 5의 배수, 10의 배수가 아닌 수: 719

2-2. 예) 10의 배수: 400, 950

3-1. 70 **3-2.** 600 **3-3.** 85 **3-4.** 250

3-5. 12 **3-6.** 650

4-1. 100, 200, 400 **4-2.** 24, 48, 192

4-3. 2.5, 5, 40, 80 **4-4.** 52, 104, 832

5-1. 819 **5-2.** 333

6. 500g

7-1. (아래 왼쪽부터) 2.4, 4 **7-2.** 5.5, 6.5, 12

7-3. $\frac{2}{3}$, $\frac{2}{3}$, $1\frac{1}{3}$, $1\frac{1}{3}$, $2\frac{2}{3}$

7-4. $\frac{2}{6}$, $\frac{2}{6}$, $\frac{2}{6}$, $\frac{4}{6}$, $\frac{4}{6}$, $1\frac{2}{6}$

4~5쪽

1-1. 만, 십만, 백만

1-2. 10000, 100000, 1000000

2-1. 팔만 칠천사십구 **2-2.** 108929

3-2. 사십 **3-3.** 칠십만

4. 31024, 31042, 31204, 31240, 31402, 31420

5-1. > **5-2.** > **5-3.** < **5-4.** >

5-5. > **5-6.** <

6. 예) 900000원, 90000원, 10000원
600000원, 350000원, 50000원
500000원, 300000원, 100000원, 20000원, 80000원

7-1. 16300, 16400 **7-2.** 528000, 529000

7-3. 500000, 600000

6~7쪽

1. 20, 42, 16, 15, 90 / 40, 6, 0, 32, 25 / 28, 36, 48, 45, 54 / 35, 42, 27, 30, 36

2-1. [6], 12, 14, 16 / 15, 30, 35, 40 / 18, 36, 42, 48 / 27, 54, 63, 72

2-2. [2], [3], 5, 10 / 5, [10], 15, 25, 50 / 6, 12, [18], 30, 60 / [7], 14, 21, [35], [70] / 9, 18, 27, 45, [90]

3. 4, 6, 6, 3, 7 / 7, 5, 5, 4, 9 / 9, 4, 9, 4, 2 / 8, 4, 6, 9, 7

4. 70 × 8 = 560, (시계 방향으로) 5600, 5600, 56000, 5600, 5.6, 560, 560000, 0.56, 560000

5-1. 7 **5-2.** 700 **5-3.** 7 **5-4.** 70

5-5. 0.7 **5-6.** 70

6. 예) 120 × 8 = 960, 12 × 800 = 9600

8쪽

1-1. 100 **1-2.** 1000 **1-3.** 10 **1-4.** 10

1-5. 1000 **1-6.** 100

2. 아이의 답을 확인해 주세요.

도전해 보자! 9개, 1000000

9쪽

1. 예) 같은 점: 답의 숫자와 순서
다른 점: 숫자의 자리(자릿값)

2-1. 3750 **2-2.** 4340 **2-3.** 24480 **2-4.** 20560

3. 127 × 30 = 3810(개)

10~11쪽

1. 1보다 작은 분수: $\frac{6}{7}$, 1과 같은 분수: $\frac{6}{6}$, $\frac{4}{4}$
1보다 큰 분수: $\frac{11}{5}$, $\frac{15}{8}$, $\frac{14}{9}$

2-2. $1\frac{2}{5}$ **2-3.** $\frac{3}{6}$

3-1. $\frac{4}{3}$ 또는 $1\frac{1}{3}$ **3-2.** $3\frac{3}{7}$

3-3. $\frac{7}{8}$ **3-4.** $1\frac{3}{5}$

4.

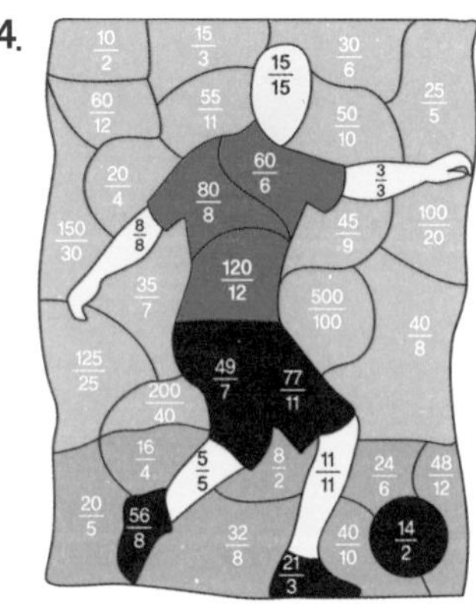

도전해 보자! 아이의 답을 확인해 주세요.

12~13쪽

1-1. 6208 (2000 + 4000 = 6000)

1-2. 9140 (6000 + 3000 = 9000)

1-3. 9068 (5000 + 4000 = 9000)

2-1. 2628 (4000 − 1000 = 3000)

2-2. 896 (3000 − 2000 = 1000)

2-3. 4799 (10000 − 5000 = 5000)

3-1. 18667 **3-2.** 28467 **3-3.** 792315

3-4. 850109 **3-5.** 27462 **3-6.** 151999

4-2. 8000 + 400 = 8400, 빨간색으로 칠하세요.

4-3. 4000 + 5000 = 9000, 빨간색으로 칠하세요.

4-4. 70000 + 10000 = 80000

4-5. 30000 + 40000 = 70000

4-6. 9000 − 3000 = 6000, 빨간색으로 칠하세요.

5-1. $1000000 - 12047 = 987953$
5-2. $47000 - 1089 = 45911$
6. 아이의 답을 확인해 주세요.

14쪽

1. $\frac{3}{10} + \frac{5}{10} = \frac{8}{10}$, $\frac{1}{8} + \frac{4}{8} = \frac{5}{8}$, $\frac{9}{24} + \frac{12}{24} = \frac{21}{24}$,
$\frac{5}{12} + \frac{6}{12} = \frac{11}{12}$, $\frac{7}{20} + \frac{10}{20} = \frac{17}{20}$
2-1. $1\frac{1}{10}$ **2-2.** $1\frac{5}{8}$ **2-3.** $\frac{1}{9}$ **2-4.** $\frac{8}{12}$ 또는 $\frac{2}{3}$
도전해 보자! 크기가 같은 분수를 이용해 분모를 같게 만들어 계산해야 해요.

15쪽

1-1. $\frac{2}{5}$ **1-2.** $\frac{4}{6}$ **1-3.** $\frac{6}{7}$
2-1. 6 **2-2.** 1 **2-3.** 4
3. $\frac{21}{5} = 4\frac{1}{5}$, $\frac{21}{8} = 2\frac{5}{8}$, $\frac{15}{7} = 2\frac{1}{7}$
4-1. 7 **4-2.** $4\frac{2}{4}$ 또는 $4\frac{1}{2}$
4-3. $3\frac{2}{4}$ 또는 $3\frac{1}{2}$

16쪽

1-1. 8cm, 8cm, 8cm **1-2.** (왼쪽부터) 5m, 12m
2-1. (왼쪽부터) 7cm, 9cm **2-2.** 7cm
도전해 보자! 9번, 이동 횟수는 항상 같아요.

17쪽

1-1. 78mm **1-2.** 127mm **1-3.** 129mm
* 길이를 재는 과정에서 약간의 오차가 있을 수 있어요.
2-1. 36cm **2-2.** 54cm

18쪽

1. 1, 3, 4, 5번째 도형
2-1. 정오각형, 정다각형
2-2. 육각형, 정다각형 아님.
2-3. 칠각형, 정다각형 아님.
2-4. 정팔각형, 정다각형
3-1. 위 왼쪽 삼각형
3-2. 세 변의 길이가 같은 삼각형

19쪽

1-2. 2개 **1-3.** 5개 **1-4.** 9개
2. 두 대각선의 길이가 같아요. **3.** 2, 4번째 사각형
도전해 보자! 예) 마름모

20~21쪽

1. 7단 곱셈
2-1. 7, 9 또는 9, 7
2-2. 5, 11 또는 11, 5
3. 거짓, 거짓, 거짓, 참, 참, 참
4. $20 - 4.5 - 9.3 = 6.2$ **5.** 24cm
6-1. $15 \times 13 = 195$ **6-2.** $160 + 192$, 176×2

22~23쪽

1. 빨간색: 1.076, 6.671 / 파란색: 1.017, 6.107 / 초록색: 0.716, 0.710
2. 1.21, 12.1, 0.121
3-1. 예) 0.21 **3-2.** 0.12 **3-3.** 1.02
4-1. 6.6 **4-2.** 0.18 **4-3.** 0.726
4-4. 8.3 **4-5.** 0.55 **4-6.** 0.098
5-1. 4.6, 5, 5.4 **5-2.** 1.7, 1.85, 2, +0.15
5-3. 6.1, 4.8, 3.5, −1.3
6-1. 10.13 **6-2.** 5.82
7. $43.7 - 10.7 - 11.03 - 8.47 = 13.5$(초)

24쪽

1. 초록색, 주황색, 빨간색 / 주황색, 초록색, 초록색
2-1. 72, 75, 78 **2-2.** 147 **2-3.** 666, 672
도전해 보자! 2, 3, 4, 6, 8, 9
36의 배수는 36의 모든 약수의 배수이고 약수끼리 곱한 수의 배수예요.

25쪽

1-1. 예) 9×5 **1-2.** 예) 7×7 **1-3.** 예) 6×10
2. 40: 1×40, 2×20, 4×10, 5×8
32: 1×32, 2×16, 4×8
45: 1×45, 3×15, 5×9
18: 1×18, 2×9, 3×6
3. 예) 36, 48, 60, 72
4-1. 35×2, 7×10, 14×5 **4-2.** 70
5. $9 \times 6 \rightarrow 18 \times 3$, $14 \times 5 \rightarrow 7 \times 10$,
$7 \times 8 \rightarrow 14 \times 4$, $18 \times 4 \rightarrow 9 \times 8$

26쪽

1-1. 2×9, 3×6 **1-2.** 96, 16 / 144, 16
2-1. $864 \div 9 = 96$, $96 \div 3 = 32$
2-2. $2744 \div 7 = 392$, $392 \div 8 = 49$
3. $3780 \div 5 = 756$, $756 \div 7 = 108$, $108 \div 9 = 12$

27쪽

1-2. 2170 **1-3.** 1260 **1-4.** 3912 **1-5.** 6509
1-6. 16605

28~29쪽

1-1. $6.4 - 2.9 = 3.5$

1-2. $5.3 - 0.7 = 4.6$

2. (왼쪽부터) $496 - 454$, $802 - 597$, $405 - 158$, $806 - 448$, $899 - 401$, $749 - 192$, $912 - 228$

3. 4~5: $\frac{14}{3}$ / 5~6: $\frac{47}{9}$, $\frac{32}{6}$ / 6~7: $\frac{63}{10}$, $\frac{55}{8}$ / 7~8: $\frac{37}{5}$, $\frac{30}{4}$

4-1. 13 **4-2.** 11 **4-3.** 19 **4-4.** 17

5-2. +2: +5와 −3 또는 +4와 −2 또는 +3과 −1

5-3. 0: +1과 −1 또는 +2와 −2 또는 +3 과 −3 또는 +4와 −4 또는 +5와 −5

5-4. −1: +4와 −5 또는 +3과 −4 또는 +2와 −3 또는 +1과 −2

5-5. 아이의 답을 확인해 주세요.

30쪽

1. 아이의 답을 확인해 주세요.

2. 각 AED: 보라색, 각 DEB: 초록색, 각 BEC: 주황색

3. $A = 20^\circ$ $B = 45^\circ$ $C = 80^\circ$ $D = 35^\circ$

31쪽

1-1. $180^\circ - 95^\circ - 25^\circ = 60^\circ$

1-2. $180^\circ - 50^\circ = 130^\circ$, $130^\circ \div 2 = 65^\circ$

2. 빨간색 각 = 55°, 파란색 각 = 90°

3-1. 만들 수 없어요. **3-2.** 세 각의 합이 170°예요.

4. $360^\circ \div 5 = 72^\circ$

32쪽

1. 2, 3, 5, 7, 11, 13, 17, 19

2-1. 11⋯1, 1⋯10, 7⋯2, 1⋯6, 4⋯3, 1⋯4, 3⋯2, 1⋯3, 2⋯1, 1⋯0

2-2. 1과 자기 자신 외에 약수가 없어요.

3-2. 9×3 **3-3.** 7×5 **3-4.** 3×13 **3-5.** 3×17

3-6. 9×9 또는 3×27 **4.** 참, 거짓

33쪽

1-1. 아이의 답을 확인해 주세요.

1-2. 1개, 4개, 9개, 16개, 25개

2. 36, 49, 64, 81, 100

3. $2 \times 2 \times 2 = 8$(개), $3 \times 3 \times 3 = 27$(개) $4 \times 4 \times 4 = 64$(개), $5 \times 5 \times 5 = 125$(개)

34~35쪽

1-1.

1-2. 3, 3 / 10, 13, 16

2-1. 4, 4, 4, 4 / 14, 18, 22

2-2. 예) 선이 매번 4개씩 추가돼요. 모양 번호에 4를 곱하고 2를 더하면 전체 선의 수가 돼요.

2-3. 42개

3-1. 14, 16 **3-2.** 64, 128, 곱하기 2

3-3. 690, 685, 빼기 5 **3-4.** 8, 4, 나누기 2

4. 거짓, 거짓, 참

36~37쪽

1. $30cm^2$ **2-1.** $10cm^2$ **2-2.** $28cm^2$

3-1. 가로가 7칸이 되도록 그려요.

3-2. 세로가 3칸이 되도록 그려요.

4-1. $36cm^2$ **4-2.** $36m^2$ **4-3.** $20mm^2$

5-1.

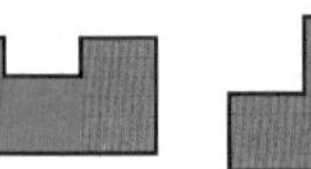 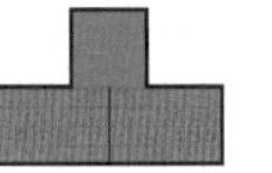 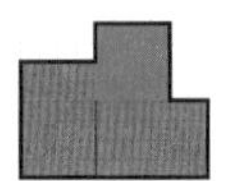

5-2. $A = 64cm^2$, $B = 64cm^2$, $C = 64cm^2$

6. $60cm^2$

38쪽

1. 파란색, 빨간색, 파란색, 빨간색, 빨간색, 파란색, 빨간색

2. 아이의 답을 확인해 주세요.

39쪽

1-1. 8개 **1-2.** 20개 **1-3.** 20개

2-1. 32개 **2-2.** 54개 **2-3.** 64개

도전해 보자! $1000cm^3$

40쪽

1.

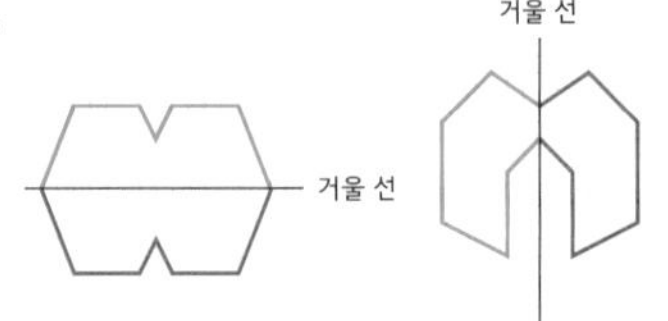

2.

41쪽

1. A(8, 6), B(9, 8), C(11, 6)으로 이동해요.

2. B: 오른쪽으로 2칸, C: 아래로 4칸, D: 왼쪽으로 2칸, 아래로 2칸

42쪽

1-1. 1375 **1-2.** 3041 **1-3.** 0.312 **1-4.** 0.26

2. $100 \times 50cm$, 단위를 같게 한 다음 비교했어요.

3. 오백

43쪽

1. 100, 35, 14, 1895

2-1. 734 **2-2.** 15.7 **2-3.** 1007

3. g: 5321, 30 kg: 1.07, 32.1, 0.87

m: 56300, 450 km: 6.5, 7.05, 0.75

mL: 3500, 1640 L: 3.71, 0.56, 0.08

4-1. 1L **4-2.** 295mm **4-3.** 1005g

44~45쪽

1. 7개 **2.** 28 **3.** 25 **4.** 45804, 45808

5. 12 **6.** 28cm, $40cm^2$ **7.** 17.9kg

46~47쪽

1-1. 사무실 **1-2.** 4층

1-3. 위로 3층 올라가요.

2-1. 미니애폴리스 **2-2.** 30℃

2-3. −13℃에 표시하세요.

3-1. −8, −6, −5, −3, 1, 3, 5, 6, 8

3-2. −40, −30, −20, 10, 20, 30, 40

3-3. 아이의 답을 확인해 주세요.

4-1. −7, −4, 0, 3, 5 **4-2.** −20, −10, 0, 5, 15

5. (위부터) 초록색, 초록색, 초록색, 빨간색, 초록색, 빨간색

도전해 보자! −2

48쪽

1-1. 290개 **1-2.** 초콜릿 맛 **1-3.** 바닐라 맛

2. (위부터) [2], 1, 3 / 5, 3, 8 / 2, 2, 4 / 9, 6, [15]

49쪽

1-1. 9:50, 11:20, 12:05, 14:10, 17:20

1-2. 25분 **1-3.** 7시간

2-1. 20분 **2-2.** 16분 **2-3.** 14:11

50~51쪽

1. 4cm, 4cm, 1cm, 6cm, 3cm

2-1. 아이의 답을 확인해 주세요.

2-2. 3000, 5000, 8000

3. 450, 476, 517

4-2. 7.8, 7.9(7.8에 색칠) **4-3.** 3.4, 3.5(3.5에 색칠)

4-4. 0.7, 0.8(0.7에 색칠)

5. 381537: 381500, 382000, 400000

705842: 705840, 705800, 710000, 700000

52~53쪽

1-1. 23칸에 색칠 **1-2.** 72칸에 색칠 **1-3.** 45칸에 색칠

2-1. 꽃잎 4장에 색칠 **2-2.** 꽃잎 2장에 색칠

2-3. 꽃잎 3장에 색칠

3-1. 빨강: 30개, 노랑: 42개, 파랑: 28개

3-2. 빨강: $\frac{30}{100}$ 또는 30%, 노랑: $\frac{42}{100}$ 또는 42%,

파랑: $\frac{28}{100}$ 또는 28%

4. 25%, $\frac{1}{4}$, $\frac{25}{100}$, 0.25 / $\frac{2}{5}$, 0.4, $\frac{40}{100}$, 40%

75%, $\frac{75}{100}$, 0.75, $\frac{3}{4}$ / 0.2, 20%, $\frac{20}{100}$, $\frac{1}{5}$

$\frac{1}{2}$, 50%, $\frac{50}{100}$, 0.5

5. 10% = 4, 50% = 20, 20% = 8, 25% = 10

도전해 보자! 15 × 3 = 45, 15 ÷ 2 = 7.5, 15 + 7.5 = 22.5

54쪽

1-1. 187 **1-2.** 230 **1-3.** 29 **1-4.** 219

1-5. 482 **1-6.** 758

2-1. 553, 4 **2-2.** 아이의 답을 확인해 주세요.

3. (위부터 한 칸의 수) 810, 405, 1080, 648

55쪽

1-1. 100 **1-2.** 18 **1-3.** 4

2-1. 35주 **2-2.** 204대 **2-3.** 288개 **2-4.** 55개

56쪽

1. 125mm **2.** 아이의 답을 확인해 주세요.

3-1. 50000 **3-2.** 90000 **3-3.** 130000

57쪽

1-1. 2003 **1-2.** 2014 **1-3.** 1905 **1-4.** 1666

2. DCL(650), CDL(450)

3-1. XXXVI **3-2.** CDLXXV

58쪽

1-1. 5개 **1-2.** 아이의 답을 확인해 주세요.

1-3. 13℃ **2.** 아이의 답을 확인해 주세요.

59쪽

1-1. 169710원

1-2. 6개 묶음 3개, 3개 묶음 1개, 43000원

1-3. 124800원 **1-4.** 2m 25cm 또는 225cm

1-5. 6개

60~61쪽

1. 75 **2.** 5개 묶음 4개, 8개 묶음 4개

3. 4.6, 5.3 **4.** 190페이지

5.

6. 5

런런 옥스퍼드 수학

6-5 수학 종합

초판 1쇄 발행 2022년 12월 6일
글·그림 옥스퍼드 대학교 출판부 **옮김** 상상오름
발행인 이재진 **편집장** 안경숙 **편집 관리** 윤정원 **편집 및 디자인** 상상오름
마케팅 정지운, 김미정, 신희용, 박현아, 박소현 **국제업무** 장민경, 오지나 **제작** 신홍섭
펴낸곳 (주)웅진씽크빅
주소 경기도 파주시 회동길 20 (우)10881
문의 031)956-7403(편집), 02)3670-1191, 031)956-7065, 7069(마케팅)
홈페이지 www.wjjunior.co.kr **블로그** wj_junior.blog.me **페이스북** facebook.com/wjbook
트위터 @wjbooks **인스타그램** @woongjin_junior
출판신고 1980년 3월 29일 제406-2007-00046호
원제 PROGRESS WITH OXFORD: MATH

ISBN 978-89-01-26546-9
ISBN 978-89-01-26510-0 (세트)

잘못 만들어진 책은 바꾸어 드립니다.
주의 1. 책 모서리가 날카로워 다칠 수 있으니 사람을 향해 던지거나 떨어뜨리지 마십시오.
2. 보관 시 직사광선이나 습기 찬 곳은 피해 주십시오.